这样护肤超简单

三分钟懒人护肤操

洪佳 著

中国三峡出版传媒

中国三峡出版社

U0176196

图书在版编目（CIP）数据

这样护肤超简单：三分钟懒人护肤操 / 洪佳著 . — 北京：
中国三峡出版社，2022.1
ISBN 978-7-5206-0221-1

Ⅰ . ①这⋯　Ⅱ . ①洪⋯　Ⅲ . ①皮肤 – 护理　Ⅳ . ① TS974.11

中国版本图书馆 CIP 数据核字（2021）第 249436 号

责任编辑：于军琴

中国三峡出版社出版发行
（北京市通州区新华北街 156 号　101100）
电话：（010）57082645　57082577
http://media. ctg. com. cn

北京中科印刷有限公司印刷　新华书店经销
2022 年 1 月第 1 版　2022 年 1 月第 1 次印刷
开本：710 毫米 ×1000 毫米　1/16　印张：11.75
字数：230 千字
ISBN 978-7-5206-0221-1　定价：59.80 元

序一

十年，不变的美丽

洪佳是我的护肤老师，她出新书，我第一个替她感到高兴。她有很好的护肤理念，也有很好的护肤实操经验，这些都应该让大家知晓，从而受益。这本书的出版可以让这种简单有效的护肤方式得到更加广泛的传播。

她找我写序的时候，正巧赶上《甄嬛传》开播十年，观众们都惊叹陪伴他们整个青春的电视剧竟然已经一晃十年了。观众们都在逐渐变老，而剧中娘娘们的扮演者们却没什么变化。我就是其中之一。我想之所以我没有太大变化，是因为我身边有个好朋友是美容专家，而她就是洪佳。她总是能知道你的皮肤出现了什么问题，从而精准地解决这些问题。她使用的护肤方法简单、有效，让你能够不费力就拥有健康的皮肤。这本书中讲到的护肤操似乎带有"魔法"，是一种能够让我们变美的"魔法"。

希望读者朋友们在看完这本书后都能有所收获，都能学会这个"魔法"，让自己变得既年轻又漂亮。

愿下一个十年以及再下一个十年，你们依然能拥有不变的美丽。

万美汐

（演员，《甄嬛传》中欣贵人的扮演者）

序二

践行美丽

　　洪佳是个宝藏女性，转眼我们已经认识 12 年了。

　　2010 年，我制作了一档日播的时尚美妆节目《向尚看齐》，可以说这是中国最早的一批专业美妆类节目。大家熟悉的戚薇、悦悦等都曾是这档节目的主持人，当然，还有我。洪佳在那个时候还不是洪佳老师，她负责我们节目里的部分美妆产品的开发和营销工作，所以她需要经常过来与我沟通。第一次见到她是在我的办公室里，印象中，她长得黑黢黢的，头发绑得紧紧的，穿件鹅黄色的鲜亮连衣裙，显得更黑。她在我对面一坐，就开始噼里啪啦地讲话，非常干脆利落，指出了我节目制作中的一些问题，以及带给她的一些困扰，然后直接问我怎么解决。我作为一个制作人，很少面对这样直接的"挑战"。我说我要再想想，她说不行，解决不了她就不走。其实不管是在工作中还是生活中，我都喜欢这样直接的人。当时真是费了一些工夫才解决了那个问题。

　　后来我们的工作交集越来越多，每次录制节目的时候她都会在现场观看。我们会在台下聊产品，聊她自己的使用经验。有一天，我突然说，不如下一次你自己上台分享一下。她说，好，没问题。正式录影的那天，她虽然没有什么镜头经验，但第一次的表现还算不错，给我最直接的感受是说话依然简单直接，不过在观众听来反而通俗易懂。连着录了一两期之后，我觉得效果不错。我就跟她说，以后你上吧。于是，洪佳就变成了节目中的洪佳老师。她对产品的足够熟悉以及长期的营销经验，对于消费者心理和需求的敏锐洞察力，使节目的录制效果越来越好。做节目的人都知道，当你长期在镜头前说话和表达，你就会变得越来越自信，你的状态也会不自觉地越来越好。洪佳老师用她自己的亲身经历，让我们一步一步地看到了她的状态变化。

除了《向尚看齐》节目，后来我又陆续开播了《生活魔法师》《美丽面对面》《天添美丽》等各种节目，这些都是每期一个小时的巨型日播节目。我们从 2010 年一直合作到 2013 年，天天录，大概一起录制了上千集电视节目，而我和她也成了这些节目的标志性人物——一个主持人，一个专家，共同为中国数以万计的爱美女性提供变美的解决方案。到后期，她俨然有了女明星般的状态，还因为我们常去光线传媒录影，被人误认为是某著名主持人。她通过研究美丽、践行美丽，在三年之内完成了从外形到气质的实质性蜕变。我们经常打趣她，把她第一次上节目的照片拿到节目上去做对比，而我每次听到现场来宾发出笑声的时候，知道洪佳老师的内心是开心和骄傲的。

2016 年之后，随着移动互联网的兴起以及电视行业的逐渐衰落，我迷茫了很久。虽然我也尝试过一些新媒体运营，但都以失败而告终。我自以为很懂专业，又热心帮助更多女性变得更美，可为什么就是无法在新媒体上闯出一片天地？是我们起步得太早了，还是我们起步得太晚了？老实说，我放弃了一段时间，转行去做了三年影视，拍了一部到现在还播不出来的戏，当然没有忘记让洪佳老师出演其中一个角色。可是洪佳老师不一样，一直在新媒体这个领域不断地尝试。每当她有了一些新的进步或心得的时候，都会及时和我交流，看到她变得越来越好，我心里也很开心。

有一天，洪佳老师突然跟我说她要出书了，我十分激动，终于要出版了，一直期待她能够将自己关于护肤的知识写出来，让更多人知道，现在终于实现了。其实出书这件事情在现在看来，已经不像十年前那么隆重了，毕竟现在获得新知识的渠道越来越多，有各种各样的新媒体渠道，比如短视频平台、直播平台。但也正因为这样，出版纸质的书才显得弥足珍贵，一定是非常值得阅读的知识和指导性极强的经验才会收录在书中，所以这本书很值得一读！

祝你们看书愉快，越变越美丽！

许添

（电视节目制片人、主持人）

自序

皮肤像花儿一样

我出生在江南的一个矿区。小时候,每到春夏时分,我都满心欢喜。清澈的河水,翠绿的青山,缤纷的百花,非常浪漫。我和小伙伴们结伴奔跑在山野上,累了就躺在芬芳的花丛里,听着风声睡去。

我们女性对植物,比如花卉有一种天然的热爱,那种爱美的天性会不自觉地散发出来。把各种颜色的花戴在头上是非常普遍的事情了。许多时候,我们偷偷地采摘指甲花,学着姐姐们的模样把花汁涂满每个指甲,虽然只有淡淡的一层红,但我们却十分满意,忍不住在父母面前展示,也会向没有涂指甲的小伙伴炫耀。我有时会突发奇想,将花瓣捣碎涂抹在自己脸蛋上,这样看起来更红润。

不知道是不是受小时候这种行为的影响,长大后竟然从事了护肤工作,我对植物类纯天然护肤品有一种莫名的偏爱。在我自行研发产品的过程中,只选择植物类配方。

从事护肤工作以来,接触过上万个案例,越来越发现许多女性的护肤方法有问题,我总是不厌其烦地帮助她们解决。有一天,一位粉丝突然问我:"洪佳老师,你的护肤理念到底是什么?"我当时愣了一下,然后回答道:"自然精华,能量守恒。"但我知道,这样的回答过于笼统,她一定不满意。于是我开始思考,经过十多年的磨砺,到底有什么样的体会?我每次做的是教方法、介绍各种产品,但为什么很多女性还是一而再再而三地犯同样的错误呢?

经过多日苦苦思索,反复总结,我得出一个属于自己的护肤模型。在我看来,护肤要做对、做好,需要有五个方面的行动。

第一，询问精确（Ask）。

很多人根本不了解自己皮肤的问题，表述不清，阐述不明，无法让人了解她皮肤的真实情况。虽然现在可以通过科技手段检测，但自己时刻掌握肌肤的动态最重要。

第二，原理要懂（Principle）。

很多女性在护肤时毫无章法可言，什么护肤品都用。要么听人说某种护肤品好就跟风购买，要么只选贵的，结果收效甚微。曾经有个学生问我："洪佳老师，为什么我最近花了好几千块钱买的护肤品没有效果啊。"我说，你对自己的皮肤不了解，花再多钱也无济于事，因为皮肤根本不吸收。只有懂原理，护肤才有意义。

第三，工具用对（Tool）。

这里的工具指的是护肤品。记住，护肤品只是护肤的辅助工具，不是改变皮肤的关键因素。一个产品好不好并不取决于产品本身，而取决于有没有正确地选择和使用它。把皮肤变好的愿望寄托在产品身上，不如寄托在自己的辨识力上。

第四，方法有效（Effective）。

护肤的方法有很多，各种专家、各种达人会教各种理论和方法，但哪种适合自己一定要做到心里有数。一旦用错方法，不但无效，甚至会伤害皮肤。当然，这里说的有效方法并不是单纯指护肤顺序，而是要掌握一种适合自己的系统性方法。

第五，学习心态（Learn）。

护肤是需要持续一生的功课，如果你有学习的心态，可以达到事半功倍的效果。我们的皮肤是有生命的，不是皮鞋，越擦越亮，也不同于墙壁，需要层层涂抹。皮肤问题有可能来自身体本身，有可能来自环境，有可能来自心理，如果你不去学习，只想做一名不思考的"伸手党"，很难从真正意义上掌握护肤的技能。学习心态是我们护好皮肤的首要条件。

这五个要点总结起来就是 PETAL，即"花瓣"。这不禁让我想起小时候江南的春夏，山上洒满阳光，周围散发着迷人的花香，于是我把这个模型称为"护肤花瓣模型"。

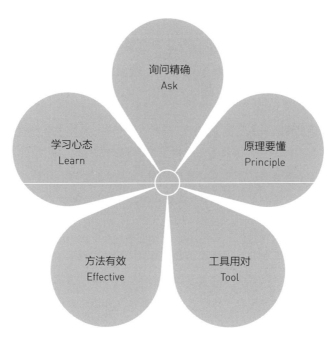

本书的每一个章节都是按照这个模型来介绍的。

询问精确（Ask）。每一章会把我多年来从事护肤工作收集到的有关护肤的各种关键问题呈现出来，让你迅速掌握问题的核心。

原理要懂（Principle）。针对问题，分析原理，这些原理有一定的科学依据，是被证明正确的知识。我把它们简明扼要地进行归纳总结，让你明白"所以然"。

工具用对（Tool）。护肤品有成千上万种，无法一一列举，而且涉及品牌，不方便提及，于是我选择了精油这款老少皆宜的产品作为辅助工具。精油是纯植物类型的护肤品，副作用比较小。你可以根据自己的实际情况再结合原理，选择适合自己的产品。

方法有效（Effective）。我从事护肤工作以来，尝试过无数的护肤方法，后来发现比较有效的方法是书中呈现的护肤操。

学习心态（Learn）。每一章的最后，我都会分享自己的学习心得以及心路历程。

写完这本书的时候，夏天还没有过完。

一天下午，我在上班路上看见路边有一株白色的野花，独自摇曳，独自开放，有一种独立的骄傲感。从此以后，上下班只要经过它，我都会放缓脚步打量一番。几日之后，它开始枯萎，我把它摘下来插在办公室的花瓶里，令人惊喜的是，它又鲜活起来。

每一种美都是可以延续的，只要给它足够的供给，就像皮肤，只要给予足够的护理，便可以延缓它的衰老。

2021 年 12 月

目　录

后记

第1章
一白遮百丑:
让你白到发光的秘诀

　　古诗词中的很多词句对女子的肤白进行了描述,说明对肤白的追求自古就有。现如今,不少人依然在追求肤白,尽量让自己看起来白一些。但什么才是真正意义上的白,什么才是健康的白,怎么做才能拥有白,是我们需要解决的问题。

干净无斑的白才是真的白

核心内容

肤白淡斑的花瓣模型

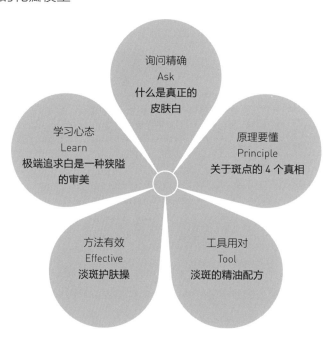

Ask　**什么是真正的皮肤白**

　　问题 1：我年纪不大，脸上却长了很多斑，这是为什么呢？

　　问题 2：我以前挺白的，后来慢慢地变黑了，还长了难看的斑点，用了很多方法都无法解决。

原理要懂 Principle　关于斑点的 4 个真相

对于女性来说，脸上长斑容易影响颜值，即使天天精心护理，可能还是会长斑。如果皮肤白有一个标准的话，那就是干净的白、无瑕的白，其中最重要的是没有斑点。

皮肤上的斑点究竟是怎么回事呢？这里有关于斑点的 4 个真相。

真相 1　斑是从哪里来的？

不管哪种类型的斑点，其根源都是色素。色素其实是身体受刺激时人体在自我保护机制下产生的一种物质。皮肤在紫外线的强烈照射下，为了保护自己，小卫士色素就会出现，所以会变黑。哪些地方比较脆弱，哪里就会出现更多黑色素，从而导致色素沉着。除了日晒，熬夜、饮食不均、情绪不好、内分泌失调等因素都会导致斑点出现。

色素出现以后，皮肤会有自我代谢能力。色素细胞从基底层到角质层只需要 28 天就会自然脱落。从理论上来讲，皮肤变黑之后，只要保护好，28 天后就会自行变白一些。那为什么还会有斑点呢？因为代谢能力变差之后，色素很难代谢出去。

真相 2　你的斑究竟是什么斑？是否真的需要"分斑而治"？

斑大致分为雀斑、晒斑、内分泌斑、老年斑、铅汞斑等。从临床上看，90% 的斑是综合斑。有时候是雀斑加晒斑，有时候是晒斑加内分泌斑，有时候是老年斑加内分泌斑再加遗传斑，与其费时间去判断属于什么斑，不如干脆从源头出发，直接提高代谢能力，这样任何斑点都能得到有效淡化。

真相 3　淡斑是否可以一劳永逸？

淡斑一次，终生没有。这句话听起来是不是很好？但是，残酷的事实是：不可能！各种各样的淡斑方法，不管是皮秒激光还是药水点斑，还是自然疗法，都只能淡化现有斑点，无法彻底切断刺激源。因为刺激源无所不在，我们不能保证不熬夜，不能保证绝对防晒，不能保证不生气……这时新的斑点就会出现。所以防止斑点再生更重要。

真相 **4**　表面的斑点只是冰山一角。

从皮肤表面上看可能只有一小块斑点，其实皮肤底下潜伏了一座色素大山。这些潜伏者默默地等待着，一旦出现刺激源，就勇猛地冲上去，一层一层地浮上来，慢慢地肤色会越变越深。这就是为什么出现斑点不及时处理，面积就会越来越大、肤色就会越来越黑的原因。

工具用对
_____ Tool
淡斑的精油配方

玫瑰精油	2 滴	天竺葵精油	1 滴
杜松精油	1 滴	洋甘菊精油	1 滴
柠檬精油	1 滴	荷荷巴油	30 毫升

● 玫瑰精油

玫瑰精油是一种昂贵的精油，被称为"精油之后"。它具有很好的美容护肤作用，能以内养外地淡化斑点，促进黑色素分解，改善皮肤干燥状态，恢复皮肤弹性。

● 杜松精油

杜松精油是著名的排毒精油，可以让皮肤产生代谢的动力，提高色素代谢的速度。

● 柠檬精油

柠檬精油中的柠檬烯益于美白，但是柠檬精油有感光性，白天最好不要用，晚上用比较合适。

● 天竺葵精油

天竺葵精油被称为小玫瑰，它可以让皮肤达到水油平衡、健康饱满的状态。

● 洋甘菊精油

洋甘菊精油有舒缓镇定皮肤、改善敏感、温和亮白的作用。

● 荷荷巴油

荷荷巴油是渗透性比较强的基础油，极易被皮肤吸收，它清爽滋润、不油腻，还可以有效改善油性皮肤，调理皮脂腺分泌性能，收缩毛孔，同时也是绝佳的保湿油。

有了工具之后，最重要的是运用工具来做护肤操。

注意事项 严重过敏期间、发炎的痘痘部位以及其他皮肤炎症部位不要操作；

孕妇和儿童不要做；

务必保证皮肤润滑；

不要带妆操作；

如果是油性皮肤，操作完后最好将油或霜洗掉。

此注意事项适用于书中所有护肤操，后面不再赘述。

方法有效
Effective　淡斑护肤操

Step 1　展油

将精油均匀地涂抹在额头及两颊部位。如果觉得润滑度不够，可以多涂抹一些精油。

一定要注意全方位防晒。不管阴天晴天、室内室外，防晒霜必不可少。在紫外线比较强的时间或地区出门，必须打伞或戴帽子，做好物理防晒。

小贴士

Step 2　四指握拳四方碾

1. 伸出四指，虚握成拳，用食指的指关节在额头上方按压，吸气开始，呼气向下，吸气放松，呼气向下。重复 3 次。

2. 保持方向不变，配合呼吸从额头中央向两侧发际线方向碾过去，一边碾，一边压。

动作口诀

四指握拳四方碾。

动作的核心作用

碾压的方式可以深度刺激皮肤，帮助皮肤的黑色素加速分解，从而改善内分泌斑。

注意要点

若力度太大会伤到皮肤组织，从而导致皮肤松弛，所以要碾一下松一下。此外，应保持碾压部位的润滑度。动作要连贯，手指不要离开面部。

小贴士

一般，斑点有 3~6 个月的潜伏期，一旦看到小斑点出现就应及时做美白工作。虽然市面上的美白精华、美白面膜、美白面霜等美白产品的价值不菲，效果却没有那么明显，淡化色素的能力也十分有限，在色素还不深或还没出现的时候用才能起一定作用。

Step **3**　四指关节压颧上

伸出四指，虚握成拳，用食指的指关节从眼睛下面、颧骨上沿开始碾压，至发际线边缘停止，吸气开始，呼气向下，吸气放松，呼气向下。重复 3 次。

动作口诀

四指关节压颧上。

动作的核心作用

这个动作可以促进颧骨上方皮肤的代谢。

注意要点

颧骨上方紧挨着眼睛下方，这里的皮肤比较娇嫩，力度一定要轻柔，避免碰到眼睛及附近部位。

晒后 8 小时应及时做舒缓镇定方面的护理，避免因为发炎而导致色素沉着。

小贴士

Step 4　颧内碾压发际线

依然用四指的指关节，从颧骨内侧向发际线方向滚动碾压，保持缓慢均匀的瑜伽腹式呼吸。重复 3 次。

动作口诀

颧内碾压发际线。

动作的核心作用

颧骨一般是黄褐斑集中出现的地方，是这套护肤操的重点操作区域。这个动作可以集中促进色素代谢，改善由脾肾阳虚导致的黄褐斑。

注意要点

注意，力度不要太大，速度不要太快。

小贴士

规律的睡眠、早睡早起、适度运动、营养均衡永远是最有效、最省钱的预防长斑方式。

Step 5　颧下中间改压按

重复上面的动作，从颧骨下沿到发际线，经过眼角下沿和颧骨相交的地方时改为按压，四指保持不动，吸气开始，呼气向下，停止 10 秒。重复 3 次。

动作口诀

颧下中间改压按。

动作的核心作用

这个动作可以活化颧骨下方的皮肤。

注意要点

一定要保持按摩部位足够润滑。

Step 6　双手搓热轻抚面

将双手手掌搓热，从额头中间向两边轻轻抚过，每个部位抚摸 1~3 次，同时配合均匀腹式呼吸。

动作口诀

双手搓热轻抚面。

Step 7　淋巴引流到锁骨

四指并拢，深吸一口气，从额头开始，沿着发际线的方向往下轻轻地推拉。推拉一下，轻放一下，模拟淋巴运动的节奏，一边操作一边吐气，一直到耳后，再顺着脖子滑至锁骨。到锁骨后，四指按压 10 秒。重复 3 次。

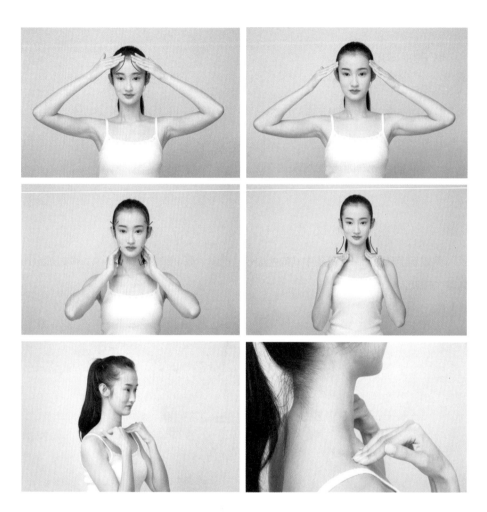

动作口诀

淋巴引流到锁骨。

动作的核心作用

之前的动作可以将所有淋巴毒素推按到发际线处，因此要从发际线处将淋巴引流到锁骨处集中处理。另外，这个动作非常重要的一个作用是镇定舒缓刚刚用力按压过的皮肤、肌肉。

注意要点

注意，力度一定要轻，速度一定要缓慢。

口诀要记住

淡斑护肤操

四指握拳四方碾，四指关节压颧上，

颧内碾压发际线，颧下中间改压按，

双手搓热轻抚面，淋巴引流到锁骨。

学习心态
Learn **极端追求白是一种狭隘的审美**

　　肤白似乎是大部分女性梦寐以求的，但应该明白一个道理：这个世界的颜色不只有白，皮肤也并不是只有白才算美。追求白没错，但不能因为追求白而变得极端。有的人为了追求白而花重金购买大量产品，甚至去做手术，这样的追求并不合适。健康的白才是我们应该追求的。不过要记住，你原本的肤色也很美，坦然接纳才是硬道理。

排黄气，排浊气，亮成灯泡肌

核心内容

肤黄变白花瓣模型

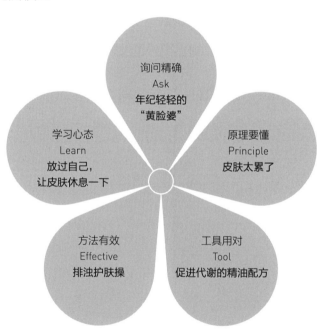

询问精确
Ask
年纪轻轻的
"黄脸婆"

原理要懂
Principle
皮肤太累了

学习心态
Learn
放过自己，
让皮肤休息一下

方法有效
Effective
排浊护肤操

工具用对
Tool
促进代谢的精油配方

<u>**询问精确**</u>

Ask　　年纪轻轻的 "黄脸婆"

问题1：我觉得我的皮肤上午还挺好的，下午就会变黄，而且洗完脸感觉挺白的，几分钟后就变黄，这是怎么回事呢？

问题2：我发现脸上皮肤不知不觉地开始变黄了，就像一个 "黄脸婆"。

原理要懂
Principle　皮肤太累了

导致肤色发黄的原因有很多，但其中一个可能每个女性都有，就是皮肤太累了！若长时间透支自己的身体以及不注意对皮肤保养，就会出现皮肤疲劳的问题，皮肤一旦疲劳就容易堵塞毛孔、代谢不畅。皮肤作为非常重要的排泄器官，每天都在不断地把某些废物排出体外，一旦排得不顺利，就会堆积毒素，导致出现下面这些问题。

- 皮肤变得不透亮。
- 一卸妆，皮肤就暗黄，无论用什么样的美白护肤品都不管用。
- 上午还挺好的，一到下午，脸就会变得暗黄，连粉底都遮盖不住。
- 脸上总会莫名其妙地长些小疙瘩，有时候是粉刺，有时候是脂肪粒，有时候是无名小颗粒。

如果看到自己的皮肤干燥、粗糙、发黄等，整个人看起来无精打采的，应该就是皮肤太累了。

工具用对
Tool　促进代谢的精油配方

荷荷芭油	30 毫升	岩玫瑰精油	1 滴	洋甘菊精油	1 滴
杜松精油	2 滴	胡萝卜子精油	2 滴		

- 杜松精油

杜松精油是芳香疗法中的"净化大师"，它的利尿排毒功效非常卓越，而且可以很好地清理瘀塞。

- 岩玫瑰精油

岩玫瑰精油取自叶片的树脂，可以促进黏膜组织的新生。

- 胡萝卜子精油

胡萝卜子精油能强化红细胞，改善肤色，使皮肤变得紧实、有弹性。胡萝卜子精油还具有非常好的养肝护肝作用，对于因熬夜、生气、抑郁等引起的肝脏功能失调导致的脸色暗黄有很好的作用。

- 洋甘菊精油

洋甘菊精油可以温和地缓解疼痛，对于僵硬瘀塞的皮肤有一定的安抚和疏通作用，并且可以提亮肤色。

排浊护肤操

排浊护肤操可以通过按摩手法增加皮肤的代谢能力，让皮肤变得透亮。

Step 1 展油

将精油均匀地涂抹在脸颊和额头。

Step 2 无名指眉心发际线

伸出两个无名指，深吸一口气，从眉心开始，缓缓地往上推按，一边推按一边吐气，至发际线处停止。重复 3 次。

动作口诀

无名指眉心发际线。

动作核心作用

推按时，应该由表及里，从皮肤到淋巴、肌肉，将额头中央部位的毒素都运送到发际线淋巴结处，从而提亮额头中央部位的皮肤。

注意要点

注意，运用指腹的力量，而且尽量向一个方向推按，不要来回推。

Step 3　无名指眉头发际线

伸出两个无名指，深吸一口气，从两边的眉头开始，向发际线方向直线推按，一边推按一边吐气，至发际线处停止。重复 3 次。

动作口诀

无名指眉头发际线。

动作核心作用

这两条路径是人体两条膀胱经的一部分，而膀胱经是人体最大的排毒通道，常推按膀胱经，可以让体内的排毒管道畅通，对缓解整个面部的暗沉、暗黄都有很好的效果。

Step 4　无名指眉尾发际线

伸出两个无名指，深吸一口气，从眉尾处向上推按，一边推按一边吐气，沿直线一直推按到发际线处。重复 3 次。

动作口诀

无名指眉尾发际线。

动作核心作用

这一条路径在人体的足少阳胆经上，若胆经堵塞，则肝经不畅，脸色就会变黄。肝脏不好的人，脸色比较黄，经常熬夜特别伤肝胆，这就是为什么熬夜之后皮肤暗黄的原因。经常熬夜或者经常生气的人可以常推按这个部位。

注意要点

一定要注意配合呼吸来推按，力度才更合适。

Step 5 食指鼻翼往上按

深吸一口气，注意，吸气的时候肚子是鼓起来的。用双手食指指腹，从鼻翼两侧开始，沿着鼻梁两侧向上推按，一边推按一边吐气，经过眉心，至发际线处停止。重复3次。

动作口诀

食指鼻翼往上按。

动作核心作用

将鼻子附近的毒素通过推按的方式运送至发际线的淋巴结处，这样可以提亮鼻子及鼻子附近的皮肤肤色。

注意要点

注意，配合瑜伽腹式呼吸，吸气的时候肚子鼓起来，吐气的时候应缓慢。刚开始做的时候可能因为不熟练，速度比较快，不会有太大影响。

Step **6**　手掌侧面往外推

深吸一口气，伸出两只手掌，用手掌的侧面从鼻翼两侧的脸颊内侧，向外侧发际线方向推按，一边推按一边缓缓吐气，吐气的节奏应跟上推按的节奏。另外，可以微微低一点头，推按的方向为斜上方，顺便提拉一下面部的肌肉，一直推按到发际线处停止。重复 3 次。

动作口诀

手掌侧面往外推。

动作核心作用

这个动作可以让整个脸颊提亮。脸颊是色素沉着的"重灾区"，且密布着很多淋巴管，通过推按可以让这些毒素顺利地排到发际线的淋巴结处，让淋巴结将其处理掉。经常推按可以让整个脸颊慢慢地变得透亮起来。

注意要点

因为是大面积推按，最好保证皮肤足够润滑，否则容易把皮肤推松。此外，可以微微低一点头，推按时按照自然向上的方向即可。

Step **7** 淋巴引流到锁骨

四指并拢，深吸一口气，从额头开始，沿着发际线的方向，向下轻轻地推拉，推拉一下，轻放一下，模拟淋巴运动的节奏，一边操作一边吐气，一直到耳后，再顺着脖子滑到锁骨处。到锁骨处后，四指按压 10 秒。重复 3 次。

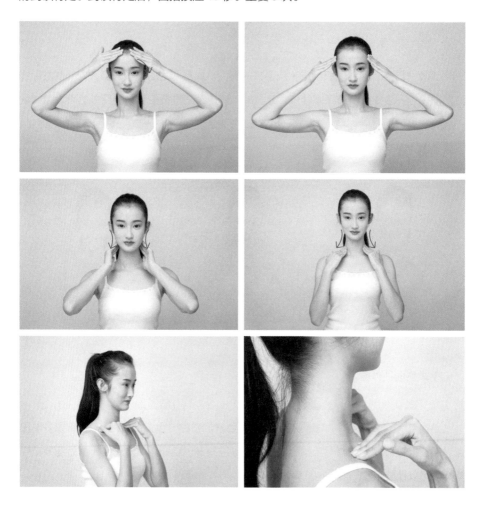

动作口诀

淋巴引流到锁骨。

动作核心作用

之前的步骤是将所有淋巴毒素推按到发际线处，而这个步骤是将淋巴毒素从发际线处引流到锁骨处集中处理。

注意要点

注意，力度应轻，节奏应缓慢。

口诀要记住

排浊护肤操

无名指眉心发际线，无名指眉头发际线，

无名指眉尾发际线，食指鼻翼往上按，

手掌侧面往外推，淋巴引流到锁骨。

放过自己，让皮肤休息一下

　　我曾经在某家公司担任过市场部总监，那时候的我就是"拼命三娘"，不分白天黑夜地拼事业。某天，闺蜜说我看起来很老，这让我有点难过，但也让我醒悟，再精致的服装也掩盖不了人的疲惫状态。很多人会问，如何让自己的皮肤变得更好？我回答：放过自己，放过皮肤，让自己和皮肤都休息一下。白天工作已经很累了，迫不得已连轴转，若回家还熬夜，加班、追剧、刷微博、刷短视频等，会透支人的精力，皮肤也会累。虽然成年人的世界没有"容易"二字，但就算全世界都希望你再硬撑一下，你也要告诉自己：对不起，我要休息一下。

黑眼圈大作战

核心内容

改变黑眼圈的花瓣模型

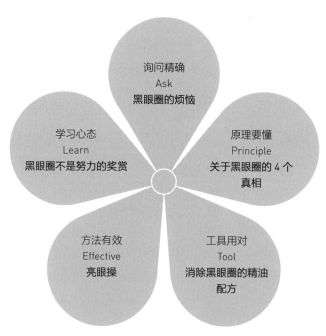

询问精确

Ask　　黑眼圈的烦恼

问题 1：为什么黑眼圈无法根除？

问题 2：为什么不熬夜也会有黑眼圈？

关于黑眼圈的 4 个真相

女性都希望自己的眼睛如秋水、如寒星、如宝珠。有的女性虽然脸部皮肤不错，但因为黑眼圈而显得老很多。那么黑眼圈到底是怎么回事呢？

真相 1　为什么用眼霜去不掉黑眼圈？

不管用多昂贵的眼部精华还是多大牌的眼霜都无法消除黑眼圈，就算做医美，也只能维持一段时间，并不能彻底解决问题。女性在追求眼霜的道路上一路狂奔，钱也越花越多，但黑眼圈仍然存在。

黑眼圈的出现归根到底是由用眼习惯、卸妆习惯等原因导致的，仅靠涂抹眼霜效果并不明显。

真相 2　你的黑眼圈属于哪种黑眼圈？

如果你的黑眼圈为偏青色，用食指和中指把眼下皮肤轻轻撑开的时候，颜色会明显变淡，说明这是由循环不畅导致的血管型黑眼圈，比如长时间看手机和电脑、熬夜、肝功能失调等。有慢性鼻炎和鼻过敏的人也容易有这种黑眼圈。

如果你的黑眼圈为偏褐色，用食指和中指把眼下皮肤轻轻撑开的时候，颜色没有明显变化，说明这是由色素沉着导致的，主要原因是卸妆不干净和不注意眼部防晒以及过敏留下的炎症色素。

如果你的黑眼圈为灰褐色，用食指和中指把眼下皮肤轻轻撑开的时候，黑眼圈就神奇地不见了，说明这是由眼袋泪沟造成的阴影，是假性黑眼圈，又叫松弛型黑眼圈。这种黑眼圈比较少见。

如果你的黑眼圈既有青色又有褐色，用食指和中指把眼下皮肤轻轻撑开的时候，颜色虽然会变浅，但仍会残留一些色素，说明你的黑眼圈属于综合型黑眼圈。大部分黑眼圈为这种类型。

真相 3　是否有彻底去除黑眼圈的方法？

黑眼圈的出现与生活习惯、护肤习惯、身体状况和用眼习惯等有关。如果能保持好的习惯，黑眼圈就不会再出现；如果不能，那么用再好的护肤品、再好的方法也无济于事，只能暂时有效，黑眼圈还会再次出现。

真相 **4** 孩子的遗传性黑眼圈能改善吗？

有的孩子因脾胃失调，或在妈妈怀孕期间或在儿时因生活习惯不好而形成了眼下黑眼圈，这与肾气不足有关。通过调理脾胃、改善膳食习惯、保持营养均衡等方式，可以改善这种黑眼圈，也可以运用简单的按摩法来改善。

工具用对
_____ Tool 消除黑眼圈的精油配方

意大利永久花精油	1 滴	迷迭香精油	1 滴
罗马洋甘菊精油	1 滴	荷荷巴油	10 毫升

● 意大利永久花精油

意大利永久花精油又叫蜡菊精油，含有一种叫意大利酮的成分，有非常好的化瘀新生作用，对于眼周瘀积有良好的促循环作用，并且可以改善眼袋问题。

● 罗马洋甘菊精油

罗马洋甘菊精油中含有温和的亮白成分，非常适合在眼周使用，对于眼周的发黄、暗沉等问题有改善作用。

● 迷迭香精油

迷迭香精油是一款著名的抗皱紧致精油，它的抗氧化能力非常强，对于眼周的皱纹、眼袋和由氧化导致的暗黄都有良好的改善作用。

方法有效
Effective 亮眼操

注意事项

1. 眼周皮肤较薄，只有面部的四分之一，动作一定要轻柔缓慢。
2. 如果不方便调配精油，可以购买已经调配好的可用于眼周的优质精油、按摩膏或者眼霜等。

Step **1**　展油

　　这一步的重点是将精油覆盖在全部需要按摩的地方，尤其是沿着眉毛向上的一部分皮肤，还有眼眶上面、眉毛下面的皮肤。

Step **2**　眉头顺逆各 10 圈

用无名指按揉眼头，深吸一口气，一边缓缓地吐气一边按压，再吸气，一边缓缓地吐气一边以顺时针方向揉 10 次，吸气，一边缓缓地吐气一边以逆时针方向揉 10 次。按压时有轻微酸疼感是正常的，如果酸疼感比较强烈，说明眼部问题已经非常严重了。先忍一忍，坚持几次就会慢慢地缓解，黑眼圈也会慢慢地淡化。

动作口诀

眉头顺逆各 10 圈。

动作核心作用

这个动作可以缓解眼部压力，通过腹式呼吸，可以把更多新鲜的氧气吸入身体，从而让眼周的血液循环更顺畅。

注意要点

注意，动作应连贯、轻柔。

Step 3　眉峰按揉又 10 圈

用两个无名指同时按揉两边眉峰，吸气，然后边呼气边向下按。呼气时以顺时针方向按揉 10 次，吸气时以逆时针方向按揉 10 次。轻轻一按即有疼痛感说明找对位置了。

动作口诀

眉峰按揉又 10 圈。

动作核心作用

放松眼睛中间的部位，尤其要放松紧张的眼球，这对于眼周的微循环有很好的作用。若眼周循环好，则血管型黑眼圈能够得到改善。色素型黑眼圈的改善会慢一些，因为皮肤的代谢周期比较长，色素不是一两天形成的，同样也不是一天两天就能见效的。

注意要点

注意，力度不能太大，也不能太小，有稍微酸痛感即可。

Step **4**　眉尾顺逆再按揉

将两个无名指放在眉尾，以顺时针和逆时针方向按揉，可以一边按揉一边数拍子。注意，别数得太快。如果觉得枯燥，可以听听音乐。

动作口诀

眉尾顺逆再按揉。

动作核心作用

这个动作可以活化眼睛的外侧，促进眼周皮肤的新陈代谢能力。

注意要点

注意，应该用指腹的力量，而不是指尖的力量，指腹要与皮肤充分接触。

Step 5　眉毛发际锁骨边

从眉心开始，用两个无名指指腹，沿着眉毛滑动过去，一直滑到发际线处。从发际线处一直滑动向下，经过耳后，再向下，至锁骨处停止。

动作口诀

眉毛发际锁骨边。

动作核心作用

之前的按揉动作可以刺激毒素排出，这个动作可以将之前按到的部位都串起来，从而排出眼周毒素，活化眼周。

注意，滑动的力度应稳定，不要忽轻忽重。

Step **6**　上眼睑到眼尾处，直捣耳后锁骨边

用无名指的指腹沿着上眼眶边缘慢慢地按压，吸气松开，呼气下按，方向是从眼头至眼尾。按揉眼尾的凹陷处时，吸气、呼气下按，吸气、呼气以顺时针方向按揉 10 次，吸气、呼气以逆时针方向按揉 10 次。再按压到发际线处，沿着发际线抹动向下到耳后，再沿着颈部两侧到锁骨。

动作口诀

上眼睑到眼尾处，直捣耳后锁骨边。

动作核心作用

这个动作可以活化上眼睑的皮肤，缓解上眼皮和眼球的疲劳感，改善眼周色素沉着的问题。

注意要点

这个动作在做的时候离眼球很近，注意力度轻一点，按压得密一点。

Step **7** 下眼睑前后压按，再到锁骨要连贯

用两个无名指沿着下眼睑从里向外缓慢地按压，吸气松开，呼气下按。保持按压的动作不变，继续到发际线处。从发际线处往下，改按压为抹动滑下来，到耳后，再沿着颈部两侧到锁骨。

动作口诀

下眼睑前后压按，再到锁骨要连贯。

动作核心作用

这个动作可以排出下眼睑周边的淋巴毒素，提亮肤色，对于改善色素型黑眼圈有很好的作用。

注意要点

做眼周护肤操时，力度要轻，小心别戳到眼睛里面。滑动的时候保持动作连贯，手不要离开皮肤。

口诀要记住

亮眼操

眉头顺逆各 10 圈，眉峰按揉又 10 圈，

眉尾顺逆再按揉，眉毛发际锁骨边，

上眼睑到眼尾处，直捣耳后锁骨边，

下眼睑前后压按，再到锁骨要连贯。

亮眼操
操作方法

学习心态
Learn　　黑眼圈不是努力的奖赏

有一次刷朋友圈时，我看到一位朋友的动态：黑眼圈不会亏待每个熬夜的人，加油吧！我在下面留言：是的，它会给你"熊猫眼"和眼袋以及几年后你会后悔不迭的衰老。

想要变得优秀，的确需要付出更多的时间和精力，但"欲速则不达"，成功来自积累，而不是一蹴而就。成功不是你透支身体去完成的，而是聚沙成塔、积水成渊。

黑眼圈不是努力的奖赏，而是不尊重身体的惩罚。

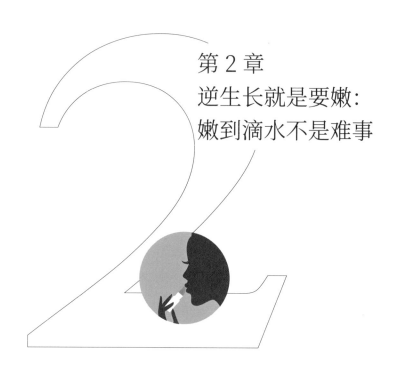

第2章
逆生长就是要嫩：
嫩到滴水不是难事

　　女性都希望拥有吹弹可破的无瑕皮肤。一旦过了20岁，脸上的胶原蛋白就开始流失，25岁即进入流失的高峰期，皮肤的代谢能力逐渐下降，毛孔会渐渐变得粗大，皮肤也会因为营养供给不足而出现干燥、粗糙等问题。

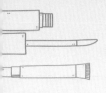

01 毛孔粗大的烦恼

核心内容

改善毛孔粗大的花瓣模型

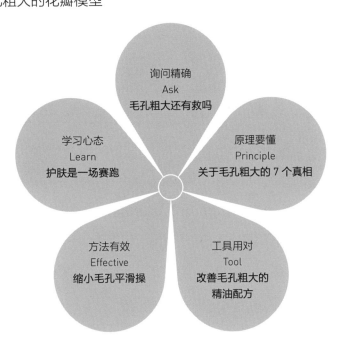

询问精确
Ask
毛孔粗大还有救吗

原理要懂
Principle
关于毛孔粗大的 7 个真相

学习心态
Learn
护肤是一场赛跑

工具用对
Tool
改善毛孔粗大的
精油配方

方法有效
Effective
缩小毛孔平滑操

询问精确
Ask 毛孔粗大还有救吗

问题 1：我的毛孔越来越粗大，有什么办法可以解决？

问题 2：我用了很多毛孔收缩水，也花了很多钱，为什么毛孔还是那么大？

原理要懂
Principle　关于毛孔粗大的 7 个真相

毛孔粗大会让整个脸看起来暗淡无光。相反，如果脸上的毛孔很细，整个脸看起来光泽透亮。

毛孔为什么会变得粗大？这里有关于毛孔粗大的 7 个真相。

真相 **1**　未及时清理角质。如果长时间不彻底清洁皮肤，老化的角质就会堆积在毛孔周围，致使毛孔变得粗大。

真相 **2**　随着年龄的增长，皮肤松弛、老化现象日益严重。如果平时疏于护肤，那么皮肤缺乏弹性，松弛的速度会加快，毛孔也会随之越来越大。

真相 **3**　不良的生活习惯如抽烟、酗酒等会导致毛孔粗大。

真相 **4**　想改善毛孔粗大是很困难的，常用的毛孔收缩水只会暂时避免毛孔变得更大，对于已经出现的毛孔粗大问题是没有效果的，需要促进胶原蛋白生成来改善。

真相 **5**　毛孔粗大并不是只出现在油性皮肤上，虽然出油是毛孔粗大的主要原因，但不是全部原因，胶原蛋白流失、自然松弛也会造成衰老型毛孔。

真相 **6**　频繁化彩妆、卸妆不彻底、用对于皮肤来说过于黏腻的护肤品、防晒不到位、雌激素不足、熬夜等原因都会导致毛孔粗大。

真相 **7**　改善毛孔粗大是一个持续的过程，不是一次就能解决的，就算目前用对方法对其有所改善，也需要持续管理，控油、保湿、防晒、抗氧化，每一样都不能少。

工具用对
Tool　改善毛孔粗大的精油配方

荷荷巴油	30 毫升	迷迭香精油	2 滴	玫瑰草精油	1 滴
杜松果精油	2 滴	薰衣草精油	1 滴		

● 杜松果精油
杜松果精油是芳香疗法中的净化大师，其利尿排毒功效非常卓越，对于瘀塞有很好的排泄作用，可以帮助毛孔把里面的脏东西代谢出去。

- 薰衣草精油

薰衣草精油是著名的平衡精油、万能精油，既可以平衡油脂分泌，又能促进胶原蛋白的生成，让毛孔紧致。

- 玫瑰草精油

玫瑰草精油适合泛油缺水皮肤、粉刺型皮肤使用，能够平衡皮脂分泌，让皮肤表面重新形成天然保水膜，从而起到绝佳的保湿效果，还可以促进皮肤新生。

方法有效
Effective　　缩小毛孔平滑操

Step **1**　展油

将精油均匀地涂抹在全脸，额头处可多涂一些。

Step **2**　额头发际按 3 次

深吸一口气，双手手掌摊开，从额头中间开始，往两边发际线方向推按，一边推按一边呼气。重复 3 次。

动作口诀

额头发际按 3 次。

动作核心作用

这个动作可以帮助额头排毒，有助于额头部位的毛孔收缩。

注意要点

这个动作比较简单，没有特别需要注意的事项，唯一要注意的就是别憋气，呼完气正常吸气即可。

Step **3**　四指太阳画 8 字

深吸一口气，用四指在太阳穴处上下推滑，就像画 8 字。一边推滑，一边吐气。重复 3 次。

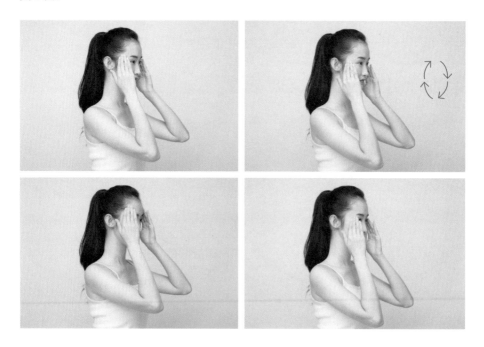

动作口诀

四指太阳画 8 字。

动作核心作用

这个动作有通经络、祛毒素的功效。

注意要点

太阳穴是比较脆弱的地方，动作一定要轻柔。

Step **4**　鼻翼两侧点 3 次

配合瑜伽腹式呼吸，用两个无名指点按鼻翼旁边的凹陷处，持续 10 秒。重复 3 次。

动作口诀

鼻翼两侧点 3 次。

动作核心作用

鼻翼两侧及鼻头处是最易出现毛孔粗大问题的部位，刺激鼻翼两边的凹陷处可以有效地促进附近的血液循环及新陈代谢，有助于收缩毛孔，使皮肤变得细腻。

注意要点

注意，力度不宜过大。

Step 5 耳前点按复 3 次

深吸一口气，用两个无名指点按耳朵中间小啾啾前面的凹陷处，持续 10 秒。重复 3 次。

按这里

动作口诀

耳前点按复 3 次。

动作核心作用

这个动作可以促使小肠经通畅，让身体更好地排毒、更好地吸收营养，这样皮肤就会有原动力，慢慢地变得紧致。

注意要点

注意，耳边比较脆弱，力度应轻柔。

Step 6 额发锁骨滑吐气

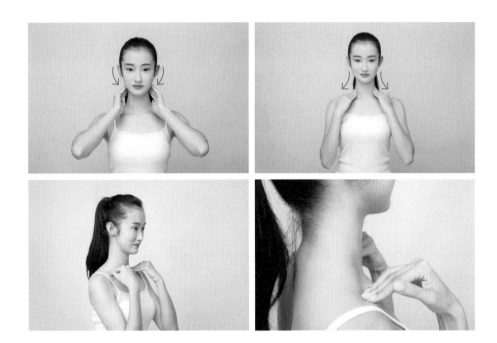

深吸一口气，双手手掌从额头开始沿着发际线往下滑，滑一下，停一下，滑到耳后，一直顺滑下去，到锁骨停止，一边顺滑一边吐气。整个过程中保持瑜伽腹式呼吸。滑到锁骨后，四指按压锁骨 10 秒。

动作口诀
额发锁骨滑吐气。

动作核心作用
这个动作是在面部做的最后一个动作，主要作用是将刚刚按摩刺激后产生的废物和毒素运送到锁骨处集中处理。

Step 7　锁骨中间凹陷按

深吸一口气，两个拇指叠在一起，按压锁骨中间的凹陷处，一边按压一边吐气，持续 10 秒。重复 3 次。

动作口诀

锁骨中间凹陷按。

动作核心作用

这个动作可以起到润肺的作用，如果肺部功能好，皮肤自然就会变得紧致。

注意要点

注意，因为涉及润肺的功能，所以一定要配合呼吸做动作。

口诀要记住

缩小毛孔平滑操

额头发际按 3 次，四指太阳画 8 字，

鼻翼两侧点 3 次，耳前点按复 3 次，

额发锁骨滑吐气，锁骨中间凹陷按。

护肤是一场赛跑

护肤其实是在跟时间对抗，30 岁的皮肤不如 20 岁的皮肤，40 岁的皮肤不如 30 岁的皮肤，这是自然趋势。但认真护理皮肤可以与这种年龄的天然优势一决高下，有的人

40 岁看着像 30 岁，而有的人 30 岁看着像 40 岁，这样的差异可能是因为生活压力，也可能是因为家务繁忙，也可能是因为疏于管理自己的皮肤。不管哪种情况，只要你精心护理，注意皮肤的保养，就可以与时间抗衡。

　　护肤是一场赛跑，姿势正确才能跑得轻松、跑得更久。这里的姿势正确指的是积极的护肤态度，与懒惰抗争的决心，不断积累的专业知识，正确的护肤理念。虽然无法达到击败时间的终极目的，但可以让衰老的速度放慢，这就是一种胜利。

补水润肤操让你的皮肤喝个"水饱"

核心内容

改善干燥的花瓣模型

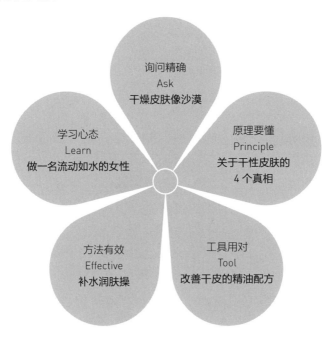

询问精确

_____
Ask   干燥皮肤像沙漠

问题 1：我的皮肤非常干，要怎么做才能改善呢？

问题 2：我总感觉自己的皮肤粗糙、有紧绷感，有时候还会发痒，看起来没有光泽。

原理要懂
Principle　关于干性皮肤的 4 个真相

皮肤衰老是从变得干燥开始的。动辄上千元的贵妇面霜通常有共同的特点：油、厚、黏稠，这都是为了增加皮肤锁水能力的。只有皮肤水润，才会让人看起来更年轻。年龄越大，皮肤越干燥，因为皮肤的油脂分泌量减少，锁水能力下降。当然，不少年轻人的皮肤也干燥，这跟气候环境、护肤不当、代谢不好有关。不管是什么原因造成的，只要皮肤缺水，各种问题就会随之而来。

关于干性皮肤的 4 个真相。

真相 1　你的皮肤是否干燥？

- 用一张吸油纸贴在脸上，取下来，若发现吸油纸上的油很少，说明皮肤分泌的油脂少，属于干性皮肤。
- 干性皮肤的纹理比较细，很容易有皱纹，通常年纪轻轻就会出现细纹。
- 秋冬季节皮肤容易紧绷，用什么样的方法补水都补不进去。
- 化妆后容易浮粉，局部可能会出现脱皮现象。
- 眼霜和面霜都必须用油腻质地的，越厚重的用起来越舒服。

如果有以上问题，说明你的皮肤缺水，除了要用补水保湿的护肤品，还需要促进皮肤吸收能力。

真相 2　过度补水可能会导致皮肤组织松散，让细菌乘虚而入，造成过敏。

不管是敷面膜还是日常护肤，补水保湿都应适度。此外，过度清洁是导致皮肤干燥的重要原因，包括身体在内的清洗都应该适度并合理。

真相 3　气候是导致皮肤干燥的重要原因之一。

南方女性来到北方也会觉得脸部皮肤干燥，这是因为空气中的水分含量会对皮肤造成一定影响，平时可以多使用加湿器。

真相 **4**　年龄越大，皮肤越锁不住水分。

皮脂腺与年龄的关系非常紧密，年龄越大，分泌的油脂越少，而油脂是天然的保湿剂，锁水功能强大，油脂若变少，则皮肤锁不住水分。新陈代谢能力降低也会导致皮肤锁不住水分。但是别沮丧，可以通过按摩来提高循环代谢能力，让皮肤变得水润饱满。

工具用对
___ Tool　　改善干皮的精油配方

荷荷芭油	10 毫升	苦橙花精油	1 滴
薰衣草精油	1 滴	天竺葵精油	1 滴

● 苦橙花精油

苦橙花精油可以温和地刺激皮脂腺分泌油脂，从而锁住水分，同时它有非常好的抗衰老、抗皱效果。

● 天竺葵精油

天竺葵精油适合各种皮肤使用，能平衡皮脂分泌能力，使皮肤变得饱满有弹性。

方法有效
___ Effective　　补水润肤操

Step **1**　展油

取适量精油于掌心，均匀地涂抹在额头。

Step **2**　额头分边四指按

深吸一口气，伸出四指，从额头中间向两边点按，一边点按一边吐气，到太阳穴处停止。重复 3 次。

动作口诀

额头分边四指按。

动作核心作用

肺主皮毛，额头是肺部的反射区，只有将整个额头通过点按的方式刺激到位，才能达到润肺的效果，才会让皮肤变得水润。同时，这个动作可以打通面部经络，使皮肤的新陈代谢能力提高。

注意要点

注意，点按的过程中不要憋气，气吐完了就再吸，而且点按的速度不应太快，要与呼吸的节奏保持一致。此外，按实才能刺激到位。

Step 3 无名指眉心发际线

深吸一口气，两个无名指指腹并列在一起，从眉心往上推按至发际线处，一边推按一边吐气。重复3次。

动作口诀

无名指眉心发际线。

动作核心作用

这个动作的目的是将额头的毒素排出去，打通额头部位的气血循环，因为额头的毒素累积多了，会影响肺部的正常运营，导致肺热，脸部会变得干燥。

注意要点

从眉心开始往上推时，两个指腹是并列的，这样力度比较大。

Step 4 指腹眉头发际线

深吸一口气，用两个无名指指腹从眉头往上推按至发际线处，一边推按一边吐气。重复 3 次。从眉头的位置按下去时会有轻微的酸痛感。

动作口诀

指腹眉头发际线。

动作核心作用

从额头往上这两条是膀胱经的一部分，是人体最大的排毒系统，只有面部的膀胱经通畅，血液循环才会更好，毒素才会排得更快，皮肤才能较好地吸收水分。

注意要点

设计这套动作的时候考虑的是力度大小以及操作是否方便，如果你觉得用拇指或其他手指更方便也可以。

Step 5　两指眉峰发际线

深吸一口气，用两个无名指指腹从眉峰前面一点的位置（按下去会有一点凹陷处），往上推按至发际线处，一边推按一边吐气。重复 3 次 。

动作口诀

两指眉峰发际线。

动作核心作用

这两条经络是人体胆经在额头上的分布，多刺激可以帮助皮肤分解毒素，让皮肤变得润透。

Step 6 两指眉尾发际线

深吸一口气，用两个无名指指腹从眉尾往上推按至发际线处，一边推按一边吐气。重复 3 次。

动作口诀

两指眉尾发际线。

动作核心作用

这个动作的作用也是既可以排毒，又可以活络气血。

Step 7 手掌下滑锁骨间

深吸一口气，用手掌从额头开始，沿着发际线向下滑动，滑动一下，停一下，直到耳后，再从耳后顺着滑到锁骨，在锁骨处用四指点按 10 秒。重复 3 次。

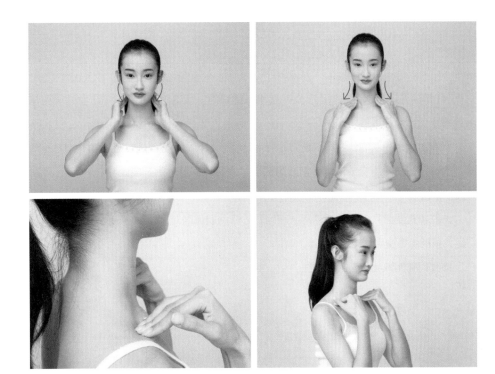

动作口诀

手掌下滑锁骨间。

动作核心作用

这是面部的收尾动作，可以把所有刚刚推按到发际线处的毒素排到锁骨处。

注意要点

注意，应该滑一下，停一下，以配合淋巴的节奏。

口诀要记住

补水润肤操

额头分边四指按，无名指眉心发际线，

指腹眉头发际线，两指眉峰发际线，

两指眉尾发际线，手掌下滑锁骨间。

补水润肤操
操作方法

做一名流动如水的女性

《红楼梦》里有这么一句话，女儿是水做的骨肉。从这句话中能感觉出女性天生与水有关。

水有时候是勇气的代名词。前方是悬崖绝壁，水可以纵身一跳变成瀑布；前方是弯道，水可以扭动身躯变成港湾；前方是凹坑，水可以积蓄之后变成湖泊。水不会退缩，只会一直向前。

护肤也需要勇气。不要惧怕皮肤有问题，有问题就面对问题、解决问题。如果一味回避，只能坐等变老。

愿我们都能做流动如水的女性。

第3章
婴儿般的皮肤：
让你的皮肤滑成牛奶肌

　　如果说，白是传统的美，嫩是迷人的美，那么滑就是精致的美。皮肤光滑似牛奶，是我们无法忽视的美。粗糙的皮肤影响美，经常容易过敏、红肿的皮肤让人头疼不已。怎样才能让皮肤变得光洁如玉、滑如丝绸又健康润泽呢？

脂肪粒、毛周角化难解决

核心内容

改善脂肪粒的花瓣模型

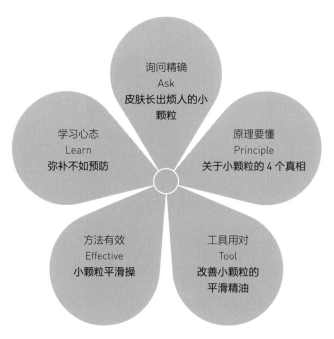

询问精确

Ask 皮肤长出烦人的小颗粒

问题 1：不知道为什么，最近脸上总会长出一些小颗粒，有时候大、有时候小，有时候硬硬的、有时候软软的，非常烦人。

问题 2：**我的**脸上出现小颗粒后，总想将它们抠下来，因为用了祛痘产品并不管用。

原理要懂

Principle   关于小颗粒的 4 个真相

皮肤上的小颗粒有五花八门的名称，脂肪粒、逆光疹、毛周角化……虽然它们名称不同，但形成原因相似，都是皮肤代谢不好引起的。

关于小颗粒的 4 个真相。

真相 1　熬夜、卸妆不干净等通常是代谢不好的"元凶"。

真相 2　睡前做精油按摩，效率更高、效果更好，很快就会发现一些小颗粒会悄悄地消失。

真相 3　脂肪粒通常会在眼周出现，但这并不表示是由眼霜使用不当导致的，黏腻的眼霜只是"帮凶"，导致脂肪粒出现的根本原因是代谢不好。

真相 4　有些比较软的小颗粒，尤其是会传染的小颗粒，比如扁平疣或者汗管瘤，在运用精油按摩一段时间后会有一定效果，但如果坚持一段时间没有效果，需要及时去医院检查。

了解了这些小颗粒是什么之后，就要想办法来"对付"它们了。

工具用对

Tool   改善小颗粒的平滑精油

荷荷芭油	30 毫升	迷迭香精油	1 滴	天竺葵精油	2 滴
意大利永久花精油	1 滴	杜松精油	4 滴		

● **意大利永久花精油**

意大利永久花精油在这个配方里可以起去瘀作用，因为这些烦人的小颗粒其实是瘀堵的一种表现。

● **迷迭香精油**

迷迭香精油在这个配方里有紧致皮肤、让皮肤代谢更快、消除瘀堵的作用。

● **杜松精油**

杜松精油是著名的排毒精油，可以让皮肤产生代谢的动力，提高色素代谢的速度。

● **天竺葵精油**

天竺葵精油被称为小玫瑰，可以起到让皮肤水油平衡的作用，使皮肤健康饱满。

方法有效
Effective　小颗粒平滑操

Step 1　展油

将精油均匀地涂抹在全脸，在眼周、下巴等比较容易长小颗粒的地方多涂抹一些。

Step 2　额头向上推 5 遍

深吸一口气，双手手掌摊开，从眉毛上方开始，往额头上方发际线处推按。一边推按一边呼气。重复 5 次。

动作口诀

额头向上推 5 遍。

动作核心作用

额头是面部经络集中的地方，推按的动作可以有效地疏通经络，帮助废物代谢出去。

注意要点

这个动作比较简单，基本一学就会，没有特别需要注意的事项，唯一要注意的就是别憋气，呼完气正常吸气就可以了。

Step 3　手掌侧面往外推

深吸一口气。伸出两只手掌，用手掌的侧面，从鼻翼两侧的脸颊内侧往外侧发际线方向推按，一边推按一边缓缓吐气，吐气的节奏应与推按的节奏保持一致。适当低一下头，往斜上方向推按，顺便提拉一下面部肌肉。推按到发际线处为止。重复 3 次。

动作口诀

手掌侧面往外推。

动作核心作用

这个动作可以促进脸颊部位的代谢能力，从而使得脸颊不易长出小颗粒。

注意要点

因为是大面积推按，所以应保证皮肤足够润滑，否则容易把皮肤推松。

Step 4　眼周打圈共 5 遍

用两个无名指从下眼角开始往外再往上推按，到上眼角再下来，转一圈，一边操作，一边进行瑜伽腹式呼吸。重复 5 次。

动作口诀

眼周打圈共 5 遍。

动作核心作用

眼周是小颗粒特别容易生存的地方，因为眼周皮肤比较薄，代谢不好，而这个动作可以促进眼周代谢。经常按摩可以促进眼周循环，让这些小颗粒消失得更快。

注意要点

做眼周的所有动作时都要特别小心，一定要轻柔，另外因个体存在差异，代谢时间有所不同，不要急于求成。

Step 5　拇指下巴打圈圈

伸出两个拇指，从下巴中间往两边打小圆圈按摩，自下而上，配合瑜伽腹式呼吸。重复 5 次。

动作口诀

拇指下巴打圈圈。

动作核心作用

下巴是非常容易毛周角化的部位，需要经常按摩，让角质平滑，从而使得皮肤恢复光滑细嫩。

注意要点

下巴的每寸皮肤都应按摩，不光滑的地方可以多按摩几次。

Step 6　额发锁骨滑吐气

深吸一口气，双手手掌从额头开始沿着发际线往下滑，滑一下，停一下，滑到耳后，一直顺滑下来，到锁骨停止，一边顺滑一边吐气。在整个过程中保持瑜伽腹式呼吸。滑到锁骨后，四指按压锁骨 10 秒。

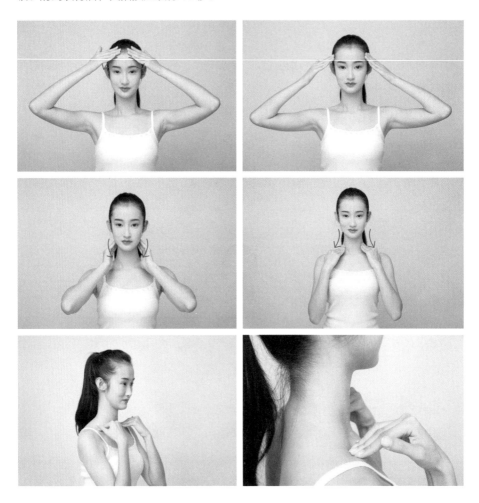

动作口诀

额发锁骨滑吐气。

动作核心作用

这个动作是面部最后一个动作，主要作用是将之前按摩刺激以后产生的废物和毒素运送至锁骨处进行集中处理。

口诀要记住

小颗粒平滑操

额头向上推 5 遍，手掌侧面往外推，

眼周打圈共 5 遍，拇指下巴打圈圈，

额发锁骨滑吐气。

 学习心态
Learn　弥补不如预防

在与各种有护肤需求的人接触的过程中，我发现大部分人不注重保养，总是出现问题才开始思考怎么做才能恢复。其实，护肤遵守的一个重要原则是"预防大于修护"。从 20 岁开始，胶原蛋白飞速流失，用护肤品维稳和修复的速度跟不上衰老的速度。建议大家从 20 岁开始就保养皮肤，提前布防是一种有效地对抗皮肤衰老的方式。我们的皮肤就像一根紧绷的橡皮筋，如果待松弛后再去补救，则很难恢复到原来的样子。

最好的护肤是从预防开始的。防患于未然才能达到事半功倍的效果。

痘痘、粉刺、闭口、黑头都是问题

核心内容

祛痘的花瓣模型

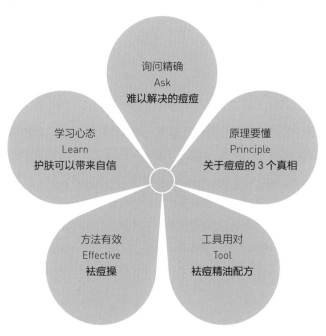

询问精确

Ask　　　难以解决的痘痘

问题 1：祛痘的过程太艰辛了，我尝尽各种方法还是无法解决。

问题 2：我觉得祛痘太难了，能不能直接把痘挤掉。

关于痘痘的 3 个真相

经历过祛痘的女性都有这样一种心理，即便一次次失败，仍然会鼓起勇气寻找下一种方法。其中，简单粗暴的挤痘方式容易破坏皮肤层，导致脸上留疤。

痘痘是怎么来的？为什么会长痘？这里有关于痘痘的 3 个真相。

真相 **1** 痘痘的几种类型。

闭合型粉刺 米粒大小，摸起来硬硬的，颜色跟皮肤接近，有点发白，属于躲在毛孔里的粉刺。

成因：一是卸妆不干净导致毛孔堵塞，二是熬夜导致角质代谢异常，三是油脂分泌过多导致多余的油脂和不代谢的角质细胞堵塞在毛孔里。

开口型粉刺 米粒大小，表面有开口，能看到白色固体状的油脂。它与闭合型粉刺类似，不同之处是它的表面有开口。这类痘痘不是很常见。

成因：油脂分泌过多导致多余的油脂堵塞在毛孔里。

黑头 属于开口型粉刺，表面的油脂被空气中的粉尘附着，呈黑色，它的本质是油脂和废旧的角质细胞。

成因：油脂分泌过多，加上废旧的角质细胞没有清理干净，再遇到粉尘覆盖在表面，从而形成黑头。清洁不彻底、手挤黑头等都会导致问题更严重。

丘疹型痘痘 一颗一颗地分布在脸上，红色，有痛感，是粉刺发炎的产物。

成因：内分泌失调、熬夜等原因导致多余的油脂和一部分不代谢的角质细胞堆积在毛孔里，这些物质被细菌感染后便发炎，形成丘疹型痘痘，通常伴有怕热喜凉、面红耳赤、便秘等症状。

脓胞型痘痘 丘疹型痘痘的脓疱阶段。

成因：若丘疹型痘痘没有及时处理，即会进入脓疱阶段。炎症继续恶化，出现红肿疼痛感，里面有黄色的脓液。脓疱型痘痘一定要进行专业治疗。若毛囊破裂，脓液会渗透进皮肤深层，引发周围组织发炎，还容易留下痘印、痘坑。湿热体质的人容易长脓胞型痘痘。

结节囊肿型痘痘 这是由脓疱化的痘痘相互交叉形成的，属于最严重的痘痘类型，会严重伤害皮肤组织，甚至导致细胞坏死，而且更容易导致色素沉淀，留下很深的痘印、痘坑。如果出现这个类型的痘痘，建议去看医生进行药物治疗。

成因：这类痘痘由各种原因导致，而且一般出现在全脸。内分泌失调或痰湿体质的人更容易出现这种痘痘。

真相 **2** 不管是粉刺、黑头还是痘痘，形成的原因主要有两个，一个是多余的油脂，另一个是废旧的角质。痘痘与肺热、胃热、肠道不畅等有关，因为身体里的内热毒素排不出去，所以会通过脓疱的方式在皮肤上表现出来。

真相 **3** 护肤操对于痘痘有一定改善作用，但达不到治疗效果。

对于痘痘皮肤来说，护肤操只是一种辅助方法，能够起到一定缓解作用，对于比较严重的痤疮来说，往往需要综合运用各种方法来治疗，最好寻求医生的帮助。

工具用对
_____ Tool 祛痘精油配方

榛果油	8 毫升	佛手柑精油	2 滴
琼崖海棠油	2 毫升	广藿香精油	2 滴
茶树精油	5 滴	薰衣草精油	3 滴
杜松果精油	3 滴		

● 榛果油
榛果油是一种非常清爽的植物油。

● 琼崖海棠油
琼崖海棠油是一种天然抗生素，它有很强的杀菌作用。

● 茶树精油
茶树精油是著名的祛痘产品，对于真菌、细菌、病毒都有比较好的作用。

● 佛手柑精油
佛手柑精油是一种杀菌效果很好的精油，但是有一定感光性，白天用了会让皮肤变黑，最好晚上使用。

● 广藿香精油
广藿香精油有抗发炎和杀真菌的能力，还可以促进细胞再生。

Effective　祛痘操

Step 1 展油

将精油均匀地涂抹在鼻子两边及整个额头，不要涂得太多，有一定润滑度即可。

Step 2 无名指鼻翼发际线

深吸一口气，两个无名指指腹并列在一起，从两边鼻翼开始沿着鼻侧往上推，推到眉心，再一起往上推按至发际线处，一边推按一边吐气。重复 3 次 。

动作口诀

无名指鼻翼发际线。

动作核心作用

鼻子四周的油脂分泌较多，容易导致毛孔粗大、黑头丛生，这个动作可以使鼻子周围的经络畅通，有助于水油平衡，从而抑制黑头出现。

注意要点

注意，动作应轻柔，有轻微渗透感即可。

Step **3** 指腹眉头发际线

深吸一口气，用两个无名指指腹从眉头向上推按至发际线处，一边推按一边吐气。重复 3 次。

动作口诀

指腹眉头发际线。

动作核心作用

眉头往上的部位是膀胱经的一部分，是人体最大的排毒系统，只有让面部的膀胱经畅通，血液循环才会更好，毒素才会排得更快，痘痘也会因此而得到改善。

注意要点

注意，每个人对力量的感觉不一样，无法严格规定力度大小，一般以轻微往下渗透又没有疼痛感为宜。另外，速度可以慢一些，再配合瑜伽腹式呼吸操作。

Step **4**　无名指眉尾发际线

深吸一口气，用两个无名指指腹从眉尾向上推按至发际线处，一边推按一边吐气。重复 3 次。

动作口诀

无名指眉尾发际线。

动作核心作用

这两条路径同样是胆经的一部分，按摩此处既可以排毒，又可以活络气血、宣肺润肤。

Step **5**　手掌滑停锁骨间

这是面部的最后一个动作。深吸一口气，用手掌从额头开始，沿着发际线处往下滑动，滑动一下，停一下，直到耳后，再从耳后顺着滑到锁骨处，在锁骨处用四指点按 10 秒。重复 3 次。

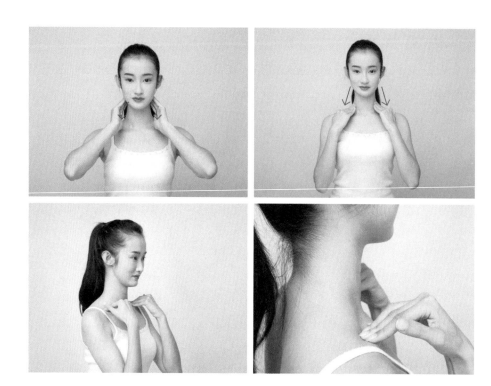

动作口诀

手掌滑停锁骨间。

动作核心作用

这是面部的收尾动作，主要作用是将所有刚刚推按到发际线处的毒素排到锁骨处。

注意要点

特别注意，做动作的时候应该滑一下停一下，以便配合淋巴的节奏。

Step 6　耳尖耳垂往外捋，毒素排出痘改善

深吸一口气，吐气的时候，用两只手的拇指和食指捏住耳尖往外捋，一边捋，一边拉耳朵，捋到耳朵边即松手，从耳尖到耳垂重复这个动作。注意配合腹式瑜伽呼吸。

动作口诀

耳尖耳垂往外捋，毒素排出痘改善。

动作核心作用

耳朵是经脉的"总开关"，经常按揉耳朵可以让全身各个经络畅通，对于毒素的排出和炎症的消退非常有效。

注意要点

注意，不要太用力，不要把耳朵搓红。这个动作可以当作单独的动作随时随地做。时间多就多做一会，时间少就少做一会。

Step 7　左手颈后向左转，右手颈后向右转（左顾右盼）

深吸一口气，呼气的时候，五指并拢，置于颈后，转头，左手放至左边颈部，头缓慢地往左转动，直到转不动为止，右手放至右边颈部，头缓慢地往右转动，直到转不动为止，以有微微的对抗感和拉扯感为准。

动作口诀

左手颈后向左转，右手颈后向右转。

动作核心作用

这个动作可以大面积疏通颈部经络，促进颈部淋巴循环。头部、面部都靠颈部的椎动脉供血，颈部的循环好坏可以直接决定头部、面部是否健康，这就是为什么颈椎病患者会头晕眼花且肤色暗沉的原因。长痘痘就是因为颈部淋巴不畅通导致的。这个动作比较有效果，可以在空闲时间经常做。

注意要点

注意，不能太用力，但是一定要有微微对抗的拉扯感。

皮肤是一个有机整体，身体也是，护肤操是为了打通面部经络，让气血循环得更好，任何一节护肤操并不是只有一个作用，和祛痘相关的还有排毒操、嫩肤操等。

口诀要记住

祛痘操

无名指鼻翼发际线，指腹眉头发际线，

无名指眉尾发际线，手掌滑停锁骨间，

耳尖耳垂往外捋，毒素排出痘改善，

左手颈后向左转，右手颈后向右转。

护肤可以带来自信

如果问你这么一个问题，女性为什么非要护肤，你会怎么回答？

你可能会说：当然是为了漂亮，哪位女性不喜欢漂亮呢？其实漂亮只是其中一个原因，另一个更重要的原因是护肤可以让皮肤变得更好，可以让人逆生长。而且，皮肤变好，你会更自信，而自信可以赋予你更多能量。

样貌、性格、性别是天生的，可能无法改变，但皮肤可以经过后天的努力变得更好。将皮肤变好的价值就是当你站在同龄人面前时有一种优越感，当你站在比自己年龄小的人面前时不会有自卑感，这就是自信带来的优势，让你不会逊色于任何人。拥有自信，你自然就会成为那个最闪耀的人。

这就是为什么有人视皮肤为第二生命的原因。

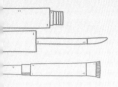

敏感肌肤如何改善

核心内容

抗敏花瓣模型

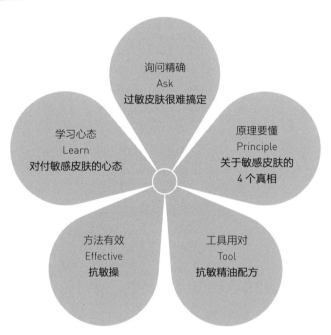

询问精确
Ask 过敏皮肤很难搞定

学习心态
Learn
对付敏感皮肤的心态

原理要懂
Principle
关于敏感皮肤的
4 个真相

方法有效
Effective
抗敏操

工具用对
Tool
抗敏精油配方

询问精确

Ask　　过敏皮肤很难搞定

　　问题 1：我的皮肤特别容易过敏，有时候会有皮肤瘙痒的问题，某些部位还会出现红斑，遇到这种情况该怎么办？

　　问题 2：我发现敏感皮肤有一个比较难解决的问题，就是慎用护肤品，不然很容易过敏，比如美白的、抗皱的、祛痘的护肤品都不能用。

Principle　关于敏感皮肤的 4 个真相

如果你的皮肤是敏感皮肤，那么你会觉得全世界都在与自己对抗。春天的花粉、空气中的尘埃、温差大的早晚、护肤品、化妆品等都可能是诱发因素，导致皮肤过敏。敏感皮肤很难护理，常规方法没有太大作用。

敏感皮肤到底是怎么回事呢？这里有关于敏感皮肤的 4 个真相。

真相 1　敏感皮肤都有哪些症状？

- 皮肤遇到刺激就会发红、发痒、出现小丘疹，甚至会严重到红肿、脱皮的程度，比如过冷过热的天气、阳光直晒等都会导致这些症状出现。
- 皮肤的角质层比较薄，容易干燥，特别是秋冬季节，很容易紧绷。
- 局部皮肤有红血丝。
- 使用护肤品的时候，特别容易被刺激，会出现发红、发痒、小丘疹等问题。
- 一到换季时节，皮肤就特别脆弱，容易出现发红、发痒、小丘疹等问题。
- 皮肤很脆弱，使用的护肤品吸收不了。
- 皮肤常年处于慢性炎症的状态，或者有激素依赖症。

真相 2　哪些因素是导致皮肤敏感的罪魁祸首？

- 过度护肤，比如过度清洁、过度敷面膜、过度用护肤品，都会导致皮肤疲惫、皮脂膜被破坏，从而形成敏感皮肤。这种类型的敏感皮肤人群的比例在逐年升高。所以，护肤适可而止，不要过度追求快速嫩肤、快速美白。
- 环境污染、紫外线和含有雾霾颗粒的空气以及自来水中的消毒物质都会对皮肤产生伤害。久而久之，皮肤的正常代谢会受到影响，使得屏障受损。
- 皮肤缺水会导致抵抗力下降，从而形成敏感皮肤。
- 睡眠不足、营养不良、压力过大等各种各样的原因会导致机体免疫力下降，从而形成敏感皮肤。皮肤是人体防御病菌的第一道屏障，身体免疫力的下降会直接导致皮肤屏障受损，让皮肤陷入时刻过敏的危机。

真相 **3**　敏感和过敏是两回事。

敏感是一种皮肤状态，过敏是一种应激反应。敏感皮肤很容易过敏，而且只要过敏一次就会变成永久性敏感皮肤。对于敏感皮肤来说，过敏症状是不会完全消失的，之后只能尽量减少接触过敏源。

真相 **4**　在日常生活和保养中可以有效预防和缓解敏感。

敏感可能会在每个人身上出现，即便以前没有过敏，也应小心以后过敏。

工具用对

Tool　抗敏精油配方

荷荷芭油	10 毫升	天竺葵精油	1 滴
罗马洋甘菊精油	2 滴	橙花精油	1 滴

● 罗马洋甘菊精油

罗马洋甘菊精油被称为"植物医生"，比较温和，能起到舒缓镇定皮肤的作用，还可以改善敏感及发红、发痒、起疹子等问题。

● 橙花精油

橙花精油能够刺激皮肤细胞新生，让受损的皮肤细胞得以恢复，还能起到抗皱抗衰的作用。

方法有效

Effective　抗敏操

抗敏操可以通过按摩让面部经络畅通，提高皮肤的免疫力。由于敏感皮肤不能大面积地按揉，因此以局部点按为主。

Step **1**　展油

取适量精油于掌心，均匀地涂抹在额头。

Step 2　额头分边四指按

　　深吸一口气，伸出四指，从额头中间往两边点按，一边点按一边吐气，到太阳穴处停止。重复 3 次。

动作口诀

额头分边四指按。

动作核心作用

肺主皮毛，额头是肺部的反射区，将整个额头运用点按的方式刺激到位有助于润肺，这样就可以让皮肤变得水润。皮肤的水润度增加，养分增加，有利于敏感皮肤自我恢复，同时能够起到打通面部经络的作用，让皮肤新陈代谢加快。

注意要点

注意，按摩的过程中不要憋气，待气吐完了再吸，速度不应太快，与呼吸的节奏保持一致即可。

Step 3 颧上分边四指按

深吸一口气，伸出四指，沿着颧骨的上沿从里到外按压，一边按压，一边吐气，从鼻梁处到发际线处。重复 3 次。

动作口诀

颧上分边四指按。

动作核心作用

两颊通常是敏感的重灾区，角质层比较薄，还经常伴有红血丝，这个动作通过刺激面部皮肤可以促进新陈代谢。

Step 4 颧下分边四指按

深吸一口气，伸出四指，沿着颧骨的下沿从里到外按压，一边按压，一边吐气，从鼻翼处到发际线处。重复 3 次。

动作口诀

颧下分边四指按。

Step **5**　下颌从中往边按

深吸一口气，伸出四指，从下巴沿着下颚线往上、往外按压，一边按压，一边吐气，到耳垂下方停止。重复 3 次。

动作口诀

下颌从中往边按。

动作核心作用

这个动作可以刺激下巴处血液循环加快，从而促进淋巴代谢。

Step 6　肋骨腿外锤 7 遍

　　双手虚握成拳，放在与胸部平行的肋骨外侧，深吸一口气，肚子鼓起来，呼气的时候，轻轻捶打肋骨外侧，从上往下一直捶到大腿外侧，到手臂垂直时可以到达的最低处。从上到下捶击 7 遍。

动作口诀

肋骨腿外锤 7 遍。

动作核心作用

　这条线路会经过人体的胆经。胆经是人体最长的一条经络，经常敲打有助于身体和皮肤排毒。

注意要点

这个动作不宜在吃完饭后马上做，至少饭后 1 小时再做，而且力度不能太大。

　　口诀要记住

抗敏操

额头分边四指按，颧上分边四指按，

颧下分边四指按，下颌从中往边按。

肋骨腿外锤 7 遍。

抗敏操
操作方法

对付敏感皮肤的心态

　　对于想改善敏感皮肤的人来说，最重要的是心态。那到底是什么样的心态呢？就是简单护肤的心态。有的人虽然看起来每天都在护肤，其实用的护肤品并不适合自己，总是听到别人推荐什么就盲目地买来用。敏感皮肤最重要的是精简护肤步骤，把可疑的护肤品全部停用，只留一两样最基本的护肤品即可。很多人刚开始能坚持一段时间，待皮肤稍微好转，又随便乱用护肤品，然后皮肤又开始敏感，反反复复，皮肤状态一天比一天差，敏感状态越来越难修复。建议在尝试新品的时候，掌握一定的节奏，待皮肤状态彻底稳定下来再慢慢地小范围尝试。敏感皮肤中比较严重的是激素脸，改善这种皮肤最好的办法就是慢慢地让激素消除，而这个过程通常是半年到三年。激素累积量多少以及个人皮肤代谢能力不同，激素消除的时间也会不同。虽然过程很痛苦，但一定要坚持。

第4章
皮肤紧致是目标:
紧成少女肌易如反掌

　　现在,在各种言论的影响下,"容貌焦虑"开始出现。从表面上看,可能是一些人放大了颜值的作用,导致很多人对自己的外貌不自信。从内在看,是女性对"衰老"的恐慌。其实,真正导致恐慌的是什么都不做。很多女性对于护肤采取的是不主动、不行动的态度,这样除了焦虑就是焦虑。护肤是一种持续性行为。松弛的皮肤容易让人陷入衰老焦虑,那怎样才能拥有紧致的皮肤呢?

01 鱼尾纹会显老

核心内容

改善鱼尾纹的花瓣模型

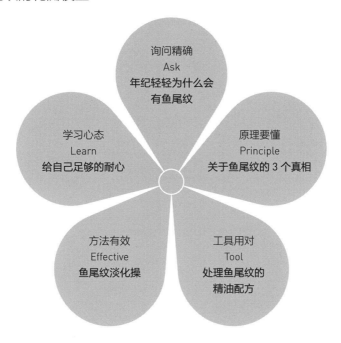

询问精确
Ask
年纪轻轻为什么会
有鱼尾纹

学习心态
Learn
给自己足够的耐心

原理要懂
Principle
关于鱼尾纹的 3 个真相

方法有效
Effective
鱼尾纹淡化操

工具用对
Tool
处理鱼尾纹的
精油配方

询问精确

Ask　　年纪轻轻为什么会有鱼尾纹

问题 1：我现在才 20 多岁，怎么会有鱼尾纹呀？

问题 2：我的鱼尾纹太明显了，不笑的时候看着像 30 岁，一笑起来像 40 岁。

原理要懂
Principle　　关于鱼尾纹的 3 个真相

真相 **1**　　鱼尾纹通常是从假性皱纹开始的，不笑的时候没有，笑起来就会出现，一般这种皱纹容易被忽略。

真相 **2**　　鱼尾纹并不是中老年人才会有，由于现在大部分人对智能电子产品重度依赖，导致用眼过度，因此年轻人也开始有鱼尾纹。

真相 **3**　　真性鱼尾纹出现以后，想彻底去掉是不可能的，除皱针也只能保持 6 个月，用眼霜更是没有什么效果。

对于鱼尾纹，预防比去除更容易。了解鱼尾纹的真相后，再来看看怎么"捕捉"这条让我们烦恼丛生的"鱼"吧。

工具用对
Tool　　处理鱼尾纹的精油配方

荷荷芭油	10 毫升	檀香精油	1 滴
薰衣草精油	1 滴	迷迭香精油	1 滴
苦橙花精油	1 滴		

方法有效
Effective　　鱼尾纹淡化操

Step **1**　展油

将适量精油或眼霜均匀地涂抹在眼睛周围及两边的太阳穴处。

Step 2 无名指点按眼周边

用两个无名指沿着眼睛右边以顺时针方向轻轻地点按，依次经过上眼角、上眼睑、眼尾、下眼睑、下眼角，配合瑜伽腹式呼吸。重复 5 次。

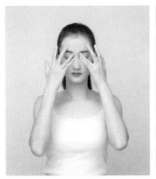  

动作口诀

无名指点按眼周边。

动作核心作用

这个动作可以活化眼周皮肤，使得皮肤达到年轻化的状态。

注意要点

注意，力度应轻柔，呼吸应均匀。

Step **3** 拇指食指捏眉弓

用两只手的拇指和食指轻轻地捏起眉弓，向眉尾的方向轻轻提拉，再放下，配合瑜伽腹式呼吸。重复5次。

动作口诀

拇指食指捏眉弓。

动作核心作用

这个动作可以缓解眼周疲劳，收紧眼周肌肉。

注意要点

注意，在捏起的同时应做提拉动作，这两个动作没有先后顺序，可以同时进行。

Step 4　撑开鱼尾打圈圈

用一只手的无名指和中指撑开鱼尾纹，另一只手的无名指在被撑开的皮肤上打圈按摩。持续 30 秒。这个动作应在两边眼角交替进行。

动作口诀

撑开鱼尾打圈圈。

动作核心作用

这个动作可以直接作用于鱼尾纹，使得眼睛附近的皮肤更好地吸收精油的营养成分。

注意要点

千万注意，不要让精油或眼霜进到眼睛里，还应保持按摩皮肤处足够润滑。

Step **5** 四指眼尾轻抚安

用两只手的四指从眼角到发际线处轻柔地打圈按揉，配合瑜伽腹式呼吸。持续 30 秒。

动作口诀

四指眼尾轻抚安。

动作核心作用

这个动作可以安抚被按摩过的皮肤。

口诀要记住

鱼尾纹淡化操

无名指点按眼周边，拇指食指捏眉弓，

撑开鱼尾打圈圈，四指眼尾轻抚安。

鱼尾纹淡化操
操作方法

学习心态

___Learn___   给自己足够的耐心

　　人在长大之后才会发现很多真相。比如，发现不是所有人都喜欢自己，人老去的速度比想象中的要快，生命中的许多事无法被自己控制，等等。

　　古人说：既来之，则安之。意思是顺其自然地接纳一切变化。但很多人不愿意接受某些事实。其实，这句话的前面还有几个字：子欲避之，反促遇之，意思是你越想逃避什么，就越会出现什么，也就是通常说的怕什么来什么。

在护肤这件事上应记住这样的道理，不要急躁，坦然面对，多一些时间，多一些耐心，才是"则安之"的本意。

当你发现自己出现第一条鱼尾纹的时候，也许很惊慌，但反过来想想，鱼尾纹里藏着历经岁月的智慧。你应该做的不是焦虑，而是坦然面对衰老，积极对抗皱纹。

抬头纹怎么处理

核心内容

改善抬头纹的花瓣模型

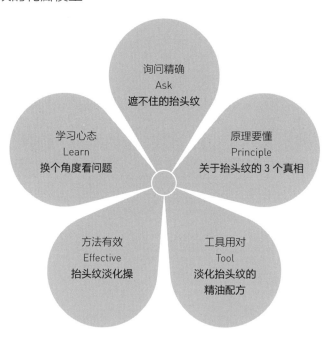

询问精确
Ask   遮不住的抬头纹

问题 1：我的抬头纹特别严重，平时只能用刘海来遮盖。

问题 2：我感觉抬头纹会影响面部形象，看起来非常显老。

抬头纹是常见的表情纹之一，喜欢抬头挑眉的人更容易出现。表情纹的意思是做表情的时候会有纹路或者做表情的时候皱纹更严重。平时看起来光滑紧实的额头，一做表情就会出现深浅不一的抬头纹。通常，抬头纹是横向皱纹，像波浪一样，因为面积比较大，所以再美的五官也会受其影响。

原理要懂
Principle　　关于抬头纹的 3 个真相

真相 **1**　随着年龄的增长，胶原蛋白逐渐流失，抬头纹必然会出现，并不是不抬头、不挑眉就不会出现抬头纹。

真相 **2**　有的抬头纹是天生的，这种情况比后天的更难解决，通常需要更长时间，运用更多方式。

真相 **3**　干性皮肤更容易出现抬头纹。

工具用对
Tool　　淡化抬头纹的精油配方

荷荷芭油	10 毫升	檀香精油	1 滴
薰衣草精油	1 滴	迷迭香精油	1 滴
苦橙花精油	1 滴		

方法有效
Effective　　抬头纹淡化操

Step **1**　展油

将适量精油或眼霜均匀地涂抹在额头。

Step 2 四指额头打圈圈

用两只手的四指在额头上均匀地打小圈，方向是从里到外、从下到上，一直到发际线处。持续 30 秒。

动作口诀

四指额头打圈圈。

动作核心作用

这个动作可以放松额头肌肉。

Step 3 额头底端推向上

用两只手的四指从额头的底端往发际线方向推按，至发际线处停止，从眉心往眉尾的方向依次推按，配合瑜伽腹式呼吸。重复 5 次。

动作口诀

额头底端推向上。

动作核心作用

这个动作可以疏通经络，促进纵向肌肉紧实，改善横向皱纹。

注意要点

注意，额头的每一寸皮肤都应被推按到。力度不应太大，但是要有向下渗透的感觉。

Step **4**　撑开皱纹打圈圈

用一只手的无名指和中指纵向撑开抬头纹，另一只手的无名指在被撑开的皮肤上打圈按摩，持续 1 分左右，每条皱纹都应被按摩到。

动作口诀

撑开皱纹打圈圈。

动作核心作用

这个动作可以直接作用于抬头纹，让皱纹得到舒展，这样营养成分才能被更好地吸收。

Step 5 双手交替打安抚

用两只手的手掌大面积地交替安抚额头，方向是从里到外、从上到下。左边手掌往右下方安抚，右边手掌向左下方安抚，配合瑜伽腹式呼吸。持续20秒左右。

动作口诀

双手交替打安抚。

动作核心作用

这个动作可以安抚被按摩过的皮肤。

注意要点

注意，动作应轻柔、缓慢，而且一定要放松，要感觉到被安抚才可以。

Step 6 发际推按至锁骨

双手四指并拢，用指腹从额头发际线的中心开始沿发际线向下推按至耳后，再到锁骨处，四指按压锁骨处10秒。重复3次。

动作口诀

发际推按至锁骨。

动作核心作用

这个动作可以将淋巴引流至锁骨处，作用是将额头部位产生的淋巴废液导流到锁骨处。

注意要点

注意，动作应轻柔缓慢，配合淋巴的节奏。

口诀要记住

抬头纹淡化操

四指额头打圈圈，额头底端推向上，

撑开皱纹打圈圈，双手交替打安抚，

发际推按至锁骨。

学习心态
Learn 换个角度看问题

有句话说："日日是好日"，意思是要从不同的角度看问题，不要简单地只从表面看问题。换个角度看问题，往往会获得新的感悟。护肤也一样，我们看似在应对衰老，其实不然，我们是用更主动的方式来让自己的生命更美好。但我们不能只追求结果，或许努力过却改变不了很多，但没有关系，拥有坦然面对的心态即可。

古代有诗云："春有百花秋有月，夏有凉风冬有雪，若无闲事挂心头，便是人间好时节。"同理，皱纹是美好的，只是我们恰好暂时不喜欢而已。

当你有这样的心态时，才能感受到真正的美好。

法令纹真讨厌

本章核心

改善法令纹的花瓣模型

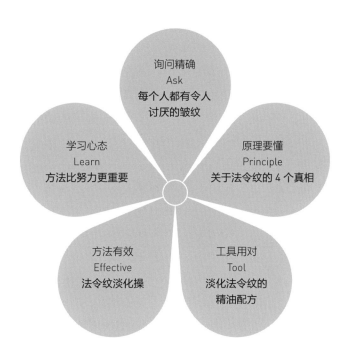

询问精确

Ask　　每个人都有令人讨厌的皱纹

问题 1：法令纹真可怕，让人有种很快就会变老的恐惧感。

问题 2：有人说法令纹一旦出现就很难消除，如果真的出现法令纹该怎么办？

如果让大家投票选最不想要的皱纹，法令纹绝对排第一。法令纹是从鼻翼两侧到嘴角两边出现的对称的两条纹。因为形状像八字，常被称为八字纹。刚开始可能只有浅浅的一条，如果不采取措施，会变得越来越深。

原理要懂
Principle 关于法令纹的 4 个真相

真相 **1** 大部分法令纹不完全对称，这与生活习惯有关系，跟身体左右两边的代谢不一样也有关系。在做护肤操的时候可以在法令纹重的一边着重按摩。

真相 **2** 注意，平时一些不经意的动作可能会加重法令纹，比如总喜欢侧向一边睡觉，喜欢托腮，等等。

真相 **3** 紫外线的照射会加重法令纹，平时应该注意防晒。

真相 **4** 若经常苦着脸，则会加重法令纹，平时注意保持好心情。

工具用对
Tool 淡化法令纹的精油配方

荷荷芭油	10 毫升	檀香精油	1 滴
薰衣草精油	1 滴	迷迭香精油	1 滴
苦橙花精油	1 滴		

方法有效
Effective 法令纹淡化操

Step **1** 展油

将适量精油或面霜均匀地涂抹在两侧的法令纹。

Step **2** 双手无名指鼻翼按

深吸一口气，用两个无名指点按鼻翼两侧的凹陷处。一边向下缓缓地施力，一边吐气。按住 10 秒，松开。重复 5 次。

动作口诀

双手无名指鼻翼按。

动作核心作用

这个动作以鼻翼两侧的法令纹为重点，不断地对其进行刺激，从而起到活化气血的作用。

注意要点

注意，应配合瑜伽腹式呼吸，根据自己的情况选择多做几次或少做几次，力度要轻。

Step 3 无名指嘴角斜向上

深吸一口气，用两个无名指将嘴角向斜上方提拉，直到颧骨下沿，保持 10 秒。重复 5 次。

动作口诀

无名指嘴角斜向上。

动作核心作用

这个动作可以通过斜向上提拉的方式让法令纹得到舒展。

注意要点

虽然方向是斜向上的，但是力度是向里、向下渗透的，而且应该注意让肌肉全部向上，而不仅是皮肤。注意用指腹的力量，而不是指尖的力量。

Step 4 双掌推按至耳边

深吸一口气，双手手掌伸直，用手掌内侧沿法令纹斜上方向缓缓地推按，一边推按一边呼气，微微低头，一直推按到耳边。重复 8 次。

动作口诀

双掌推按至耳边。

动作核心作用

这个动作可以舒展法令纹，让整个脸颊向上提拉。

注意要点

注意，一定要保持面部皮肤的润滑度，不能在没有精油或面霜的情况下推按，否则会导致皮肤松弛。

口诀要记住

法令纹淡化操

双手无名指鼻翼按，无名指嘴角斜向上，双掌推按至耳边。

学习心态

Learn   方法比努力更重要

以前，有两只蚂蚁都想翻越一面墙，到墙的另一边去寻找食物。

一只蚂蚁来到墙根处，毫不犹豫地向上爬，可是当它爬到一大半时，由于过度劳累而跌落下来。它并没有气馁，虽然一次次跌落，仍然能够迅速地调整自己，重新向上爬。

另一只蚂蚁先观察了一下四周环境，然后决定绕过墙去觅食。很快，绕过墙的那只蚂蚁找到了食物，而不断地爬墙的那只蚂蚁忍受着饥饿，仍在屡次跌落后屡次重新向上爬。

假如我们都是"护肤蚂蚁"，你属于"勤奋护肤蚂蚁"还是"智慧护肤蚂蚁"？如果你属于"勤奋护肤蚂蚁"，那么你虽然不断努力，收获仍然不多。如果你属于"智慧护肤蚂蚁"，那么你看似没有费什么工夫，却能够找到正确的方法，收获颇丰。

所以，我们需要做的是调整思维方式，而不是一味盲目地努力。多总结经验，多对比方法，找到适合自己的护肤方法，效果会更好。

04 川字纹要改善

核心内容

改善川字纹的花瓣模型

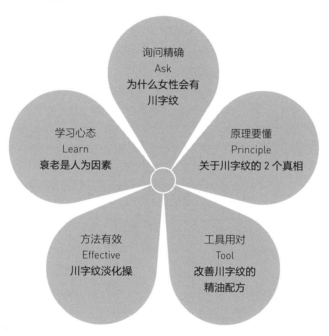

问题 1：川字纹不是男性才会有吗？为什么女性也会有？

问题 2：川字纹能彻底去除吗？

川字纹是额头上出现的竖纹，因为常常以三条竖沟的形式出现，看起来像个"川"字，所以被称为川字纹。川字纹大部分是由总皱眉导致的，一开始是浅浅的表情纹，只有在皱眉时才会出现，时间久了就会变成真性皱纹。需要说明的是，并不是只有皱眉时才会出现川字纹，随着年龄的增长，胶原蛋白流失加速，任何人都可能会出现川字纹。

原理要懂
Principle　关于川字纹的 2 个真相

真相 **1**　川字纹是众多表情纹中的一种，刚开始出现时属于假性皱纹，慢慢地才会变成真性皱纹。一定要早发现、早干预，这样既有效果，又能节省时间。

真相 **2**　想彻底去除川字纹是不可能的，除皱针的效果也不是很好，温和的精油按摩方式可以让川字纹变浅，并且预防其变深。

工具用对
Tool　改善川字纹的精油配方

荷荷芭油	10 毫升	檀香精油	1 滴
薰衣草精油	1 滴	迷迭香精油	1 滴
苦橙花精油	1 滴		

方法有效
Effective　川字纹淡化操

Step **1**　展油

将适量精油或眼霜均匀地涂抹至整个额头，川字纹部位可以多涂抹一点。

Step 2 四指打圈额头按

用双手的四指从里到外、从下往上，以小圆圈的方式按摩，直到发际线处。重复3~5次。

动作口诀

四指打圈额头按。

动作核心作用

川字纹通常是由肌肉过于紧张引起的，用打圈按摩的方式可以放松紧张的肌肉。

注意要点

注意，力度要通过指尖向下渗透，不能只停留在皮肤表面。

Step 3 拇指食指捏眉弓

用两只手的拇指和食指轻轻地捏起眉弓，从眉头到眉梢方向轻轻地提拉，放下，配合瑜伽腹式呼吸。重复 5 次。

动作口诀

拇指食指捏眉弓。

动作核心作用

这个动作可以舒缓眼周疲劳，帮助眼周肌肉收紧，改善皱纹。

注意要点

注意，在捏起的同时还应做提拉，没有先后顺序，可以同时进行。

Step 4 撑开川纹打圈圈

用一只手的食指和中指横向拉开川字纹，另一只手的无名指在皱纹处打圈按摩，让精油充分地被皱纹处的皮肤吸收。

动作口诀

撑开川纹打圈圈。

动作核心作用

这个动作可以直接作用于川字纹，让皱纹得以舒展，这样精油中的有效成分才能被更好地吸收。

口诀要记住

川字纹淡化操

四指打圈额头按，拇指食指捏眉弓，撑开川纹打圈圈。

Learn 衰老是人为因素

你知道年轻的秘诀是什么吗？就是生长出的细胞比代谢掉的多。

《明年更年轻》这本书中有关于"老"的定义：变老是自然规律，衰老是人为因素。

的确，变老是任何人都避免不了的，而衰老则可以通过人为方式延缓。不要等到皮肤问题多了才开始护肤，更不要在年龄增长之后才开始激活自己内心的"默认衰老"按钮。"我老了""我都 40 岁了""反正我已经步入中年了"，这些话是不是很熟悉？变老不等于衰老，衰老是一种心理上的退让、默认和接纳，如果用这样的心态来管理自己的皮肤，则很难成功。

任何转变都是从内向外的。爱美是天性，也是我们与生俱来的天赋，每个人都有能力让自己延缓衰老。正如书中所说：生物学上没有退休这个概念，甚至没有年龄增长这件事，只有生长和衰老。你的身体会根据你的指令来决定是生长还是衰老。

05 天鹅颈的真相

本章核心

改善颈纹的花瓣模型。

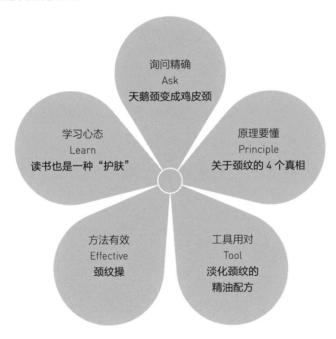

- 询问精确 Ask 天鹅颈变成鸡皮颈
- 原理要懂 Principle 关于颈纹的 4 个真相
- 工具用对 Tool 淡化颈纹的精油配方
- 方法有效 Effective 颈纹操
- 学习心态 Learn 读书也是一种"护肤"

询问精确

Ask 　天鹅颈变成鸡皮颈

问题 1：我脖子上的纹路又长又深，怎么办？

问题 2：我脖子上有三条很深的纹路，用了很多方法都去不掉。

有的人虽然五官不是很精致，但气质出众，穿什么样的衣服都好看。气质出众人在人群中一眼就会被看到。如果说漂亮靠的是脸，那么气质靠的就是脖子。由于现在很多人经常低头看手机，导致年纪轻轻就出现脖子前倾的问题，这样穿衣服很难达到理想效果，归根结底是因为脖子的正面看起来比较短。

原理要懂
Principle　关于颈纹的 4 个真相

真相 **1**　长期低头看手机是颈纹的天敌。

真相 **2**　亚健康、生病、生孩子等各种原因导致的免疫力低下会影响颈部气血循环，从而导致颈纹出现。

真相 **3**　不注意颈部防晒会导致颈部衰老加速。

真相 **4**　睡觉时枕头太高也容易出现颈纹。

工具用对
Tool　淡化颈纹的精油配方

荷荷巴油	30 毫升	橙花精油	1 滴
迷迭香精油	2 滴	薰衣草精油	2 滴
乳香精油	2 滴		

方法有效
Effective　颈纹操

Step **1**　展油

将精油均匀地涂抹在整个颈部。

Step **2** 双指揉捏乳突肌

把头尽量往后扭，用手摸到的耳后到锁骨中间一块长条形的肌肉就是胸锁乳突肌。放松两边的胸锁乳突肌，深吸一口气，用拇指和食指轻轻地捏起胸锁乳突肌，从下向上揉捏，一边揉捏一边吐气。重复 3 次。

动作口诀

双指揉捏乳突肌。

动作核心作用

胸锁乳突肌是支撑颈部运动的重要肌肉之一，这块肌肉如果很紧实，颈部就会看起来很长，脖子前倾的问题随之也会得到改善。

注意要点

注意，颈部的肌肉比较少，皮肤比较细嫩，力度不能太大。

Step **3**　仰头推颈掌交替

深吸一口气，仰头，双掌交替从左到右、从下往上推按颈部，一边推按一边呼气。重复 3~5 次。

动作口诀

仰头推颈掌交替。

动作核心作用

这个动作可以最大限度地延伸颈部正面的肌肉和皮肤，让颈纹得到舒展，配合向上轻柔推按的动作，不仅可以安抚颈部皮肤，还可以把颈部的线条向上提拉，缓解颈部皮肤松弛的问题。这是颈部按摩中最常用的一个动作，平时可以在涂颈部护肤品的时候顺便做一下。

注意要点

这是个很轻柔的动作，应注意配合瑜伽腹式呼吸来推按。

Step **4**　抱头拉伸再交替

深吸一口气，伸出右手，从右到左环抱住头，手掌把头的左侧固定住，然后往右边缓缓地下拉，吐气，左手手掌按住左边肩膀往下拉伸，保持 20 秒。换左手做同样的动作。

动作口诀

抱头拉伸再交替。

动作核心作用

这个动作可以最大限度地将脖子的线条进行拉伸，这样有助于打造纤长的颈部曲线。有颈椎问题的人在做完这个动作后会觉得很舒服。

注意要点

注意，动作一定要缓慢，感到无法再拉伸时即停止。

Step 5　耳腋顺滑要吐气

深吸一口气，用两只手的手掌从耳后顺滑到锁骨处再顺滑到腋下，一边顺滑一边吐气。到腋下时，用大拇指按压 10 秒。整个过程保持呼吸顺畅。

动作口诀

耳腋顺滑要吐气。

动作核心作用

这个动作可以起到引流淋巴的作用，将前几步按揉出来的毒素引流到腋下。

注意要点

注意，动作尽量轻柔，而且在做的过程中不用精准到具体的位置。

口诀要记住

颈纹操

双指揉捏乳突肌，仰头推颈掌交替，

抱头拉伸再交替，耳腋顺滑要吐气。

学习心态

Learn　　**读书也是一种"护肤"**

　　真正的美是内外兼修的美。相貌是外在，可以通过护肤、健身、化妆来改变，但内在气质更重要。气质有很多种，也许是落落大方，也许是知性优雅，不管哪种都来自内心的修炼。进行什么样的修炼可以提升气质？最方便、最省钱的方式是读书。古人说"腹有诗书气自华"，这句话的重点在"自"上，它表明气质是饱读诗书的必然结果。读书的其中一个价值就是可以摆脱平庸。读书是另外一种"护肤"，护理的是内心、灵魂，让它们能够光彩照人，甚至闪闪发光。气质不一定来源于读书，但读书的确可以修炼气质。

06 木偶纹容易被忽视

核心内容

改善木偶纹的花瓣模型

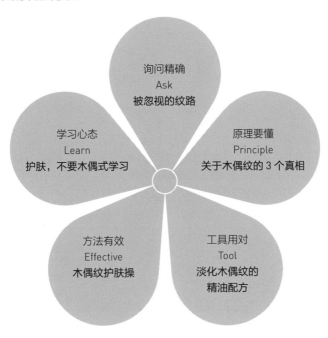

询问精确
Ask
被忽视的纹路

原理要懂
Principle
关于木偶纹的 3 个真相

学习心态
Learn
护肤，不要木偶式学习

方法有效
Effective
木偶纹护肤操

工具用对
Tool
淡化木偶纹的
精油配方

询问精确

Ask　　被忽视的纹路

问题 1：若没有人提醒，我都不知道自己长了木偶纹。

问题 2：我的木偶纹越来越深，怎么办啊？

木偶纹也叫括号纹、流涎纹，与法令纹、鱼尾纹一样，是常见的皮肤皱纹类型。木偶纹是两条短纹，通常长在嘴角外或者嘴角下，有时候只出现在一边，有时候两边都会出现。

木偶纹刚开始出现的时候，很容易被忽略，因为它又短又细，不太引人注目，但是一旦出现就很难去掉，而且会越来越深，让人十分头疼。

原理要懂
Principle　关于木偶纹的 3 个真相

木偶纹是面部衰老的表现之一，是由软组织萎缩、丧失支撑以及真皮弹性下降等原因造成的。

真相 **1**　这个类型的皱纹虽然不显眼，但是对气质影响较大。

真相 **2**　照镜子的时候多观察一下，如果不笑的时候嘴角若有若无地出现纹路，一定要警惕。

真相 **3**　即使出现木偶纹也不要焦虑，好心情是对抗皱纹的方式之一。

工具用对
Tool　淡化木偶纹的精油配方

荷荷芭油	10 毫升	檀香精油	1 滴
薰衣草精油	1 滴	迷迭香精油	1 滴
苦橙花精油	1 滴		

方法有效
Effective　木偶纹护肤操

Step **1**　展油

将精油均匀地涂抹到木偶纹处。

Step 2 中指无名指轻按摩

深吸一口气，用两只手的中指和无名指轻轻地打圈按摩木偶纹处，持续 1 分左右。

动作口诀

中指无名指轻按摩。

动作核心作用

这个动作可以放松紧张的肌肉。

Step 3 无名指嘴角斜向上

深吸一口气，用两个无名指将嘴角向斜上方向提拉，直到颧骨下沿，保持 10 秒。
重复 5 次。

动作口诀

无名指嘴角斜向上。

动作核心作用

这个动作可以舒展嘴角处的皱纹。

注意要点

虽然这个动作是斜向上提拉，但力度是向里、向下渗透的，注意要将肌肉全部向上提拉，而不仅是皮肤。此外，需要注意的是用指腹的力量而不是指尖的力量。

Step 4 无名指轻轻打圈按

深吸一口气，用一只手的食指和中指横向推开木偶纹，另一只手的无名指轻轻地打圈按摩，一边按摩一边吐气。

动作口诀

无名指轻轻打圈按。

动作核心作用

这个动作可以舒缓皱纹，让精油或面霜渗透进去，这样能够局部刺激胶原蛋白生成，改善皱纹。

口诀要记住

木偶纹护肤操

中指无名指轻按摩，无名指嘴角斜向上，无名指轻轻打圈按。

Learn　护肤，不要木偶式学习

学习护肤的过程中，可能会看到或听到各种各样的观点，每个专家的意见不尽相同，甚至可能理念都是完全相反的，在这种情况下，千万不要"木偶式学习"，即不要人云亦云。

护肤的过程中应做到两点。

第一，要有质疑精神。对专家的敬畏是敬畏知识而不是个人，不要因为对方是权威专家就完全相信任何观点。质疑也是一种学习方式。

第二，要学会掌控。护肤的其中一条法则为：适合自己的才是对的。护肤的过程就是不断地了解自己的皮肤适合什么、不适合什么的过程，应该有自己的判断标准，这样才能做到主观护肤，才能掌控自己的美。

苹果肌要保护

核心内容

改善苹果肌的花瓣模型

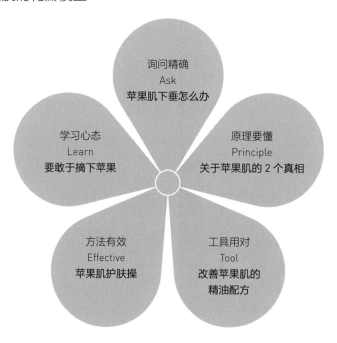

询问精确
Ask
苹果肌下垂怎么办

学习心态
Learn
要敢于摘下苹果

原理要懂
Principle
关于苹果肌的 2 个真相

方法有效
Effective
苹果肌护肤操

工具用对
Tool
改善苹果肌的
精油配方

询问精确

__Ask__ 苹果肌下垂怎么办

问题 1：苹果肌下垂后应该怎么提升？

问题 2：我才 25 岁，需要开始提升苹果肌吗？

苹果肌是眼睛下面两厘米左右的倒三角形部位，是脂肪和肌肉的综合物。年轻人拥有饱满的胶原蛋白和紧实的肌肉，两颊像鲜嫩多汁的苹果，充满青春的气息。但随着年龄的增长，苹果肌下移，少女感悄然消失。苹果肌的下移是在不知不觉中进行的，一两天甚至一两年都看不出来，因此应更加注意。

原理要懂
Principle　关于苹果肌的 2 个真相

真相 **1**　测一测自己的苹果肌有没有出现下移、松弛等现象。

- 找出 5 年前的高清、无修图、无滤镜照片，对比一下自己脸颊最高处的饱满度，如果现在明显变得扁平，说明苹果肌已经开始下垂了。
- 少女时期的苹果肌一般在眼睛下面两厘米处。如果两颊肌肉最饱满处与鼻翼的前端平行就是年轻的苹果肌，如果已经下移到鼻尖甚至鼻孔下缘的平行线上则说明苹果肌已经开始下垂了。

真相 **2**　保养苹果肌以预防为主。不要等到苹果肌已经下垂了再去补救，应该在苹果肌依然饱满的时候就坚持做提拉按摩，这样可以推迟苹果肌下垂的时间。

工具用对
Tool　改善苹果肌的精油配方

荷荷芭油	10 毫升	檀香精油	1 滴
薰衣草精油	1 滴	迷迭香精油	1 滴
苦橙花精油	1 滴		

方法有效
Effective　苹果肌护肤操

Step **1**　展油

将精油均匀地涂抹在两边的脸颊处。

Step **2** 无名指鼻翼推脸颧

深吸一口气，用两个无名指轻轻地往两边鼻翼分抹，一边分抹一边呼气，力度要轻柔，分抹 5 次，再吸一口气，一边吐气一边用无名指推按到颧骨下沿中间的凹陷处，然后往上用力推按，以感觉到酸胀为止。保持瑜伽腹式呼吸，推按 10 秒，放松。重复 3 次。

动作口诀

无名指鼻翼推脸颧。

动作核心作用

这个动作可以紧实苹果肌的肌肉，刺激胶原蛋白生成，让苹果肌得到提拉。

注意要点

注意，分抹的时候一定不能太用力，轻轻地扫过即可。鼻腔里面有很多细小血管，力度太大容易导致其破裂。

Step **3** 双掌提拉到耳边

　　配合瑜伽腹式呼吸，用双手手掌竖向包裹住苹果肌所在的位置，从里到外，略向上缓慢地提拉推按，直到耳边，保持 10 秒。重复 5 次。

动作口诀

双掌提拉到耳边。

动作核心作用

这个动作可以促进苹果肌区域的淋巴代谢，帮助肌肉形成向上的记忆，防止苹果肌下垂。

注意要点

做大面积的按摩动作时，一定要注意保持皮肤足够润滑，否则会拉扯皮肤，让脆弱的皮肤受伤，从而加速衰老。

Step **4** 双掌耳朵锁骨点

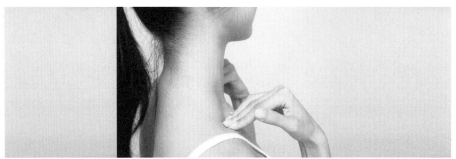

　　用双手手掌从耳朵前面滑动到耳朵后面再到锁骨处，到锁骨处时改为四指，点按 10 秒。整个过程配合瑜伽腹式呼吸。重复 3 次。

动作口诀

双掌耳朵锁骨点。

注意要点

　　注意，力度不宜过大，也不能太小，从耳后往下滑动的时候，以感觉淋巴微微跳动为准。

口诀要记住

苹果肌护肤操

　　无名指鼻翼推脸颧，双掌提拉到耳边，双掌耳朵锁骨点。

要敢于摘下苹果

　　亚当和夏娃摘下苹果之后，他们的个人意识开始觉醒。成长，就是不断地采摘苹果的过程，这个苹果就是智慧，摘苹果就是勇于尝试。我的健身教练之前说过一句体育界的行话："不用，就会失去。"这句话的意思是肌肉如果不经常使用，就会萎缩。同理，不去尝试，再优秀的人也会变得平庸。护肤也是这样，不去尝试保养，再好的皮肤也会老化。

　　尝试不仅是一种行为，更是一种精神、一种挑战。

告别眼袋和浮肿

核心内容

改善眼袋和浮肿的花瓣模型

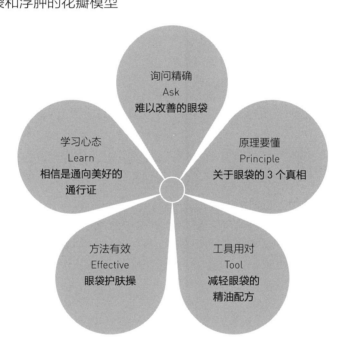

询问精确

Ask　　难以改善的眼袋

问题 1：与黑眼圈相比，我更害怕出现眼袋。黑眼圈可以用遮瑕膏遮一遮，眼袋却没办法遮，怎么办？

问题 2：有没有消除眼袋的比较简单的方法？

如果年纪轻轻就有眼袋，很可能是长期熬夜导致的。有了眼袋之后，用眼霜效果不明显，运用精油护肤操是一种副作用比较小的有效方法。

原理要懂
Principle 关于眼袋的 3 个真相

真相 **1** 你的眼袋属于哪一种？

- 如果你的眼袋是扁平状的，没有特别明显的隆起，颜色比正常肤色深，熬夜或者劳累会加重眼袋，则属于水肿型眼袋。
- 如果你的眼袋隆起比较明显，但并不松弛，则属于脂肪型眼袋。
- 如果你的眼袋隆起明显，且捏住眼袋上面的皮肤时，有明显的松弛感或者眼袋有纹路，则属于衰老型眼袋。
- 大部分年轻人的眼袋属于水肿型和脂肪型两种类型的结合体，年龄大的人的眼袋通常是脂肪型和衰老型两种类型的结合体，当然也有三种类型的结合体，但较少见。

真相 **2** 眼袋是怎样形成的？

- 长时间过度用眼（如熬夜、看电视、看电脑），没有让眼睛得到适度的放松和休息，容易形成水肿型和脂肪型眼袋。
- 若消化系统不好，则体内容易堆积水分，从而形成水肿型眼袋。
- 随着年龄的增长，眼周皮肤开始松弛，易形成衰老型眼袋。
- 脾胃不和、肾虚会导致眼袋下垂。

真相 **3** 眼袋是无法彻底去掉的，就算用手术的方式也只能暂时去掉。如果不改变不良生活习惯，眼袋还会再次出现。就算时刻注意，自然衰老也会导致眼袋出现。

工具用对

Tool 　减轻眼袋的精油配方

荷荷芭油	8 毫升	咖啡籽油	1 毫升	迷迭香精油	1 滴
小麦胚芽油	1 毫升	意大利永久花精油	1 滴		

方法有效

Effective 　眼袋护肤操

Step 1 展油

将适量精油均匀地涂抹在眼周皮肤。

Step 2 无名指按压内眼角

深吸一口气，伸出两个无名指，用指腹的力量按压内眼角的凹陷处，缓慢地施压，动作应轻柔，一边按压一边呼气。按压 5 秒，松开，再按压，再松开。重复 10 次。

动作口诀

无名指按压内眼角。

动作核心作用

这个动作可以通过按压内眼角来促进眼周血液循环畅通，从而改善眼袋。

注意要点

做这个动作的时候，因为离眼睛太近，动作应轻柔，施压应缓慢，避免伤到眼睛。

Step 3　无名指点按下眼睑

深吸一口气，伸出两个无名指，用指腹的力量按压瞳孔正下方的下眼睑凹陷处，缓慢地施压，动作应轻柔，一边按压一边吐气。按压 5 秒，松开，再按压，再松开。重复10 次。

动作口诀

无名指点按下眼睑。

动作核心作用

通过刺激下眼睑，可以促进眼周血液循环，增加眼周皮肤的营养供给，改善因松弛导致的眼袋问题。

注意要点

眼周皮肤非常薄，一定要在按摩过程中注意力度，避免拉扯到皮肤。

Step **4**　无名指点按眼袋中

用两个无名指轻轻地按压在眼袋正中位置，感觉一下是否有痛感，如果没有，沿中心往周边按压测试，直到找到有痛感的地方，往下按压。按压 5 秒，松开，再按压。配合瑜伽腹式呼吸。

动作口诀

无名指点按眼袋中。

动作核心作用

这个动作可以直接作用于眼袋，刺激眼袋区域的胶原蛋白生成。

注意要点

按压时只有用到一定的力度才能根据痛感准确地找到位置。

Step **5**　眼睛推按发际边

深吸一口气，伸出两个无名指，用指腹从眼头开始缓缓地推按，一边推按一边吐气，至发际线处停止。用滑动的手法从发际线一直向下，滑到耳后，再滑到锁骨处停止。中途应保持呼吸不断。

动作口诀

眼睛推按发际边。

动作核心作用

这个动作可以起到紧致眼周皮肤、改善眼袋的作用。

注意要点

注意，滑动的时候力度应轻柔。

口诀要记住

眼袋护肤操

无名指按压内眼角，无名指点按下眼睑，

无名指点按眼袋中，眼睛推按发际边。

学习心态

Learn　　**相信是通向美好的通行证**

在做皮肤护理的十年中，我积累了很多粉丝，这些粉丝陪我走过三年、五年甚至更长时间，无论我处于人生的高山还是低谷，她们总会陪伴着我。我因为她们的这种相信而变得更加强大，无论多么困难的时刻，只要看到她们的留言，就会浑身充满力量，能够继续前行。

相信，是通向美好的通行证。就像护肤，要相信知识，相信时间，相信坚持会给你带来回报。

再见，双下巴

核心内容

改善双下巴的花瓣模型

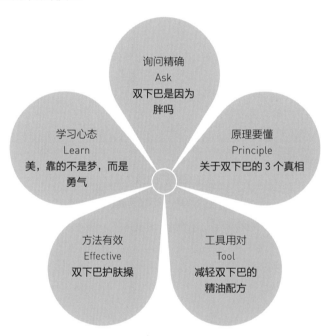

询问精确

Ask　　双下巴是因为胖吗

问题 1：用什么方式可以去掉双下巴？

问题 2：我全身并不胖，为什么还会出现双下巴呢？

很多朋友说，自己的体重明明没有增加，但双下巴却突然出现了。30 岁以后，双下巴出现的概率会大大增加。其实双下巴除了会由肥胖引起，长期久坐、低头看手机都会导致颈部肌肉紧绷，久而久之就会导致下颌部的肌肉越来越松，从而出现双下巴。

原理要懂
Principle　关于双下巴的 3 个真相

真相 **1**　出现双下巴的症结并不是下巴，而是面部肌肉是否松弛。

真相 **2**　脂肪型双下巴通过按摩的方法没有太明显的效果，但若在减体重的同时辅助按摩，则会有所改善。

真相 **3**　如果没有必要，不要长时间低头看手机，可以看 15 分钟就站起来活动一下僵硬的脖颈，这样对预防和改善双下巴有很大帮助。

工具用对
Tool　减轻双下巴的精油配方

荷荷巴油	30 毫升	杜松果精油	2 滴
迷迭香精油	2 滴	薰衣草精油	1 滴
葡萄柚精油	1 滴		

方法有效
Effective　双下巴护肤操

Step **1**　展油

将精油均匀地涂抹在下巴、脸颊以及颈部的两侧和后面。

Step 2　拇指食指捏下巴

深吸一口气，脖子略微上扬，用双手的拇指和食指捏住下巴尖，一边呼气一边往耳后的方向揉捏，揉捏一下松一下，直到耳后。重复 5 次。

动作口诀

拇指食指捏下巴。

动作核心作用

这个动作可以活络下巴区域的气血，促进淋巴代谢。

注意要点

注意，不要憋气，最好配合瑜伽腹式呼吸，如果做不到，自然呼吸也可以。

Step 3　双指下巴上提拉

深吸一口气，用两只手的拇指和食指捏住下巴尖，一边呼气，一边缓慢地往耳朵方向提拉，到耳垂处停止。

动作口诀

双指下巴上提拉。

动作核心作用

这个动作可以塑造向上紧实的下颚线，打造自然流畅的下巴线条。

注意要点

注意，提拉力度应从外及里，不能只停留在皮肤表面，动作一定要轻柔缓慢。

Step 4　疏通颈部两侧淋巴

将头向右上方抬起，左边的颈部线条可以得到舒展，深吸一口气，左手虚握成拳，用第二个指关节从耳后慢慢地刮到锁骨处，一边刮一边吐气，刮 5 次。换右边，用同样的手法再刮 5 次。

动作口诀

疏通颈部两侧淋巴。

动作核心作用

刮这条路径可以把整条路径的毒素运送到淋巴处，使得脖子的肌肉紧实，从而有助于收紧双下巴。

注意要点

注意，保持按摩部位足够润滑。在这个过程中可能有轻微的疼痛感，这是正常的，如果没怎么用力就感到疼痛，说明这个地方的瘀堵比较严重，可以多刮几次。

Step 5　按压颈后部

用两只手的四指从耳后开始，大概呈 45° 角，向后脑勺方向按压，两只手汇合后，在枕骨下沿找到两个凹陷处，稍稍用力，按揉 10 秒。重复 5 次。在做的过程中配合瑜伽腹式呼吸。

 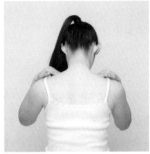 

动作口诀

按压颈后部。

动作核心作用

这个动作可以舒缓后颈部的压力，从而放松颈部肌肉。长期低头看手机的人常做这个动作可以改善颈部僵硬的问题。

注意要点

注意，找准方向，保证两只手最终可以在枕骨下沿汇合。

Step 6　枕骨下沿到锁骨

配合瑜伽腹式呼吸，顺着上一个动作，双手四指从枕骨下沿顺势向下、向两侧滑动按压，到锁骨处停止，维持 10 秒。

动作口诀是

枕骨下沿到锁骨。

动作核心作用

这个动作可以促进颈后部的淋巴代谢。

口诀要记住

双下巴护肤操

拇指食指捏下巴，双指下巴上提拉，

耳后刮到锁骨边，四指按压到枕骨，

枕骨推按到锁骨。

学习心态

Learn　　变美，靠的不是梦，而是勇气

追求美，是我们与生俱来的天性。

变美，靠的不是梦，而是勇气。

女性不管多大年纪，即使四五十岁，只要有勇气追求美，就会改变现状，变得更美、更自信。

追求美，不仅可以让自己的相貌更年轻，还可以让自己的心理更健康。

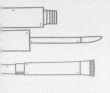

10 打造紧致小 V 脸

核心内容

打造小 V 脸的花瓣模型

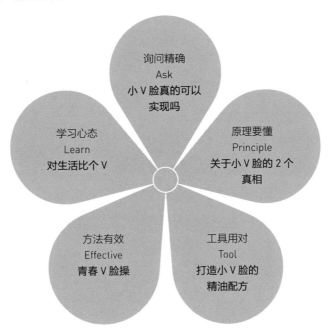

询问精确

Ask 小 V 脸真的可以实现吗

问题 1：我的脸实在是太大了，能不能变小一点？

问题 2：我非常想拥有小 V 脸，可以实现吗？

不少人对小 V 脸有很深的误解，以为下巴尖尖的、两腮瘪瘪的就是美，其实真正漂亮的 V 形脸是根据自己的脸形让两侧的线条变得清晰。人一旦过了 35 岁便容易出现双下巴，看起来比较显老。几乎所有高端美容仪都以塑造这里的曲线为主要目标。

原理要懂
Principle　关于小 V 脸的 2 个真相

真相 **1**　25 岁以后，如果不采取措施，脸部皮肤或多或少都会变得松弛。

真相 **2**　脸颊两侧线条变得不再清晰是每个人都避免不了的，只是或多或少、或早或迟的问题。我们要做的就是积极地对抗这种松弛，尽量保持清晰的线条。

工具用对
Tool　打造小 V 脸的精油配方

荷荷芭油	20 毫升	苦橙花精油	2 滴	迷迭香精油	2 滴
薰衣草精油	2 滴	檀香精油	2 滴		

方法有效
Effective　青春 V 脸操

Step **1**　展油

将精油均匀地涂抹在下半边脸颊或全脸。

Step 2　握拳下巴往上刮

深吸一口气。双手虚握成拳，用第二个指关节从下颌线底下开始往上刮，一边刮一边吐气，到耳朵边停止。注意，刮一下，停一下，不要一直刮。重复 3 次。

动作口诀

握拳下巴往上刮。

动作核心作用

这个动作可以活络气血，增加局部营养供给，从而起到紧实下颌底下肌肉的作用。

注意要点

注意，刮的力度以有轻微的疼痛感为准，不要太用力。此外，保证皮肤有一定的润滑度，建议配合使用有紧致功效的油或霜。刮的过程中可能会出现刮红现象，一般最多半小时即可恢复。如果红得比较严重，则需要冰镇一下。如果半小时还不能恢复，下次就要减轻力度。过敏或长痘时不适合操作此动作。

Step 3　手掌交替上推滑

深吸一口气，伸出两只手掌，交替推滑，从下颌线开始往上，一边推滑一边吐气。先推滑左侧，再推滑右侧。每侧各 3 次。

动作口诀

手掌交替上推滑。

动作核心作用

这个动作有两个作用，一个是可以安抚刚刚刮过的部位，另一个是可以把一些赘肉往上挤压。肌肉是有记忆的，每天往上挤压，就会慢慢地形成向上变紧的趋势。有的人担心这样做之后皮肤变得更松弛，其实只要手法正确，保持皮肤润滑度，不会适得其反。

注意要点

在配合呼吸时可能会遇到这样的问题，吸一口气，吐完气之后动作还没做完，这时候究竟是憋气还是自然呼吸？憋气不可行，最好再吸气再吐气，继续配合瑜伽腹式呼吸。如果不会瑜伽腹式呼吸，可以自然呼吸。

Step 4　刮一下停一下

深吸一口气，双手虚握成拳，用第二个指关节从下巴开始往上刮，一边刮一边吐气，方向为斜向上，到耳边停止。气吐完后，再吸气呼吸即可。动作和呼吸保持一致。

动作口诀

刮一下停一下。

动作核心作用

这个动作可以让肌肉产生向上的惯性，而且可以通过刮的方式将该部位的经络打通。刮一下，停一下，其主要目的是与淋巴节奏保持一致，而且便于局部多刮几次。

注意要点

如果感觉有结节，可以在这个地方多刮几次。有的人咬肌比较硬、比较大，看起来脸比较方，可以在咬肌处多刮几次，尤其是大小脸的，可以在脸大的那一边多刮一刮。

Step 5　下巴耳边三推滑

用两只手掌交替推滑刚刮过的地方。深吸一口气，用左手掌和右手掌交替推滑，一边推滑一边吐气。

动作口诀

下巴耳边三推滑。

动作核心作用

做完这个动作之后会感到刮过的地方比较疼，而且皮肤受到比较大的刺激，这时需要进行温和地呵护。之所以刮到耳边，是因为耳边有很多淋巴结。

注意要点

注意，手掌一定要贴着皮肤，力度不要太大，以舒服为主，但仍要有一种轻柔地推肉的感觉。

Step 6　颧骨下沿往上刮

这个动作依然需要用刮的方式，只是刮的地方换成了颧骨下缘的那条线。深吸一口气，虚握成拳，用第二指关节往斜上方向刮。刮的同时吐气。刮一下，停一下。

动作口诀

颧骨下沿往上刮。

动作核心作用

这个动作很重要，不仅可以让整个脸部往上提拉变紧致，还可以提拉苹果肌。

注意要点

注意，做完一边再做另一边，尽量不要两边同时做，否则会导致力度不均衡。记住，一定要保持皮肤足够润滑。

Step 7　颧下耳边三推滑

吸一口气，用两只手的手掌大面积地推滑刚刮过的地方，一边刮一边吐气。做完一边再做另一边。各重复 3 次。

动作口诀

颧下耳边三推滑。

动作核心作用

这个动作可以起到安抚镇定的作用。

Step 8　耳到锁骨停留下

深吸一口气，用两只手的手掌从耳朵前面滑到后面，再推滑到锁骨处，一边推滑一边吐气，到锁骨处停留 10 秒。重复 3 次。

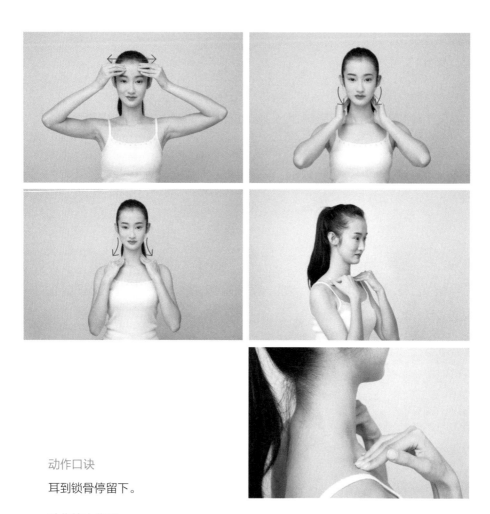

动作口诀

耳到锁骨停留下。

动作核心作用

这个动作可以将所有毒素都推送到发际线处，再运送至锁骨处处理。

注意要点

如果没有精油，建议用有紧致效果的面霜涂抹。此外，按摩力度应重一点，这样可以打开结节，帮助下巴塑形，改善线条模糊的问题，打造清晰的下颌线。

● 口诀要记住

青春 V 脸操

握拳下巴往上刮，手掌交替上推滑，

刮一下停一下，下巴耳边三推滑，

颧骨下沿往上刮，颧下耳边三推滑，

耳到锁骨停留下。

青春 V 脸操
操作方法

学习心态

Learn 对生活比个 V

在拼搏的路上，我们可能常常会感到很累，有种无路可退的感觉。尤其是女性，结婚生子之后，好似逐渐远离了精致，放松了对自己形象的管理。其实每个人都渴望精致，就像我们每个人都希望时光不要改变自己，或者不要改变得那么快。我们虽然没有伟大的事业，但不可以没有美好的自己。我们美，我们精致，不是取悦谁，而是对自己的人生负责。生活很累，但可以坚持。无论多忙、多累，请让自己的生活体面一些，请让自己的人生过得漂亮一点。对生活比个 V，这是胜利的信号以及不放弃的宣言。

第5章
全身皮肤好才是真的好：
精致全身的秘诀

　　有人说：每个人心中都有一座想攀登到顶的高山，那就是我们的欲望。这同样适用于护肤。当脸上的皮肤变好之后，我们会开始打量全身：哎，腿粗了些，好像腰也比较粗，肚子也比较鼓……其实，合理的欲望可以转化为动力，它会不断地催促、推动、鼓励我们变得更优秀。

　　那就让我们开启全身变美之旅吧！

01 烦人的小肚腩

核心内容

改善小肚腩的花瓣模型

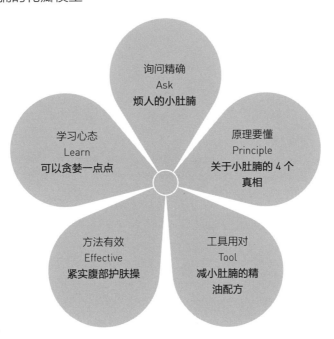

询问精确

Ask 烦人的小肚腩

问题 1：我生完孩子之后，腹部变得大了很多，虽然尝试了很多种方法，但仍恢复不到以前，怎么办呢？

问题 2：我全身看着不胖，就是腹部大，怎样才能快速减掉肚子上的肉？

　　小腹对于女性来说是最容易变胖的地方，久坐不动会导致循环不好、下肢肿胀、脂肪堆积，生育过孩子的妈妈们更明显。内分泌失调、宫寒、体寒也会导致腹部需要更多的脂肪来保护子宫。如果想减掉腹部的肉，除了让脂肪代谢出去，重要的一点是让腹部暖起来。运用具有紧实作用、促循环作用、消解脂肪作用的精油配合护肤操，会达到非常好的紧实小肚腩的效果。

原理要懂
Principle　　关于小肚腩的 4 个真相

真相 **1**　局部肥胖靠节食无法解决，只有运动才能针对性地解决这个问题。如果没办法坚持运动，那么做护肤操可以达到被动运动的效果。

真相 **2**　紧实腹部对于腰部的骨骼护理有一定益处，因为它可以帮助骨骼起一定的支撑作用。

真相 **3**　紧实腹部对于保护子宫有积极的作用。

真相 **4**　正确认识腹部变小的问题，应进行循序渐进地改善，慢慢地达到健康紧实的状态。

工具用对
Tool　　减小肚腩的精油配方

荷荷芭油	30 毫升	黑胡椒精油	2 滴
葡萄柚精油	5 滴	薰衣草精油	2 滴
迷迭香精油	3 滴		

方法有效
Effective　　紧实腹部护肤操

Step **1**　展油

　　将精油均匀地涂抹到腹部。

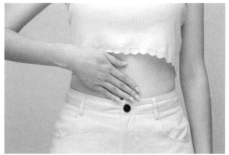

Step 2　单手顺时针按摩

深吸一口气，伸出右手手掌，以顺时针方向在腹部画大圈按摩，均匀吐气。重复5~8 次。

动作口诀

单手顺时针按摩。

动作核心作用

这个动作可以放松、舒缓腹部肌肉，为接下来的动作做准备。

Step 3　四指绕脐打圈揉

深吸一口气，左手四指并拢，右手四指轻轻地叠加在左手上，慢慢地围绕肚脐以顺时针方向打圈按揉，绕肚脐 3~5 次。

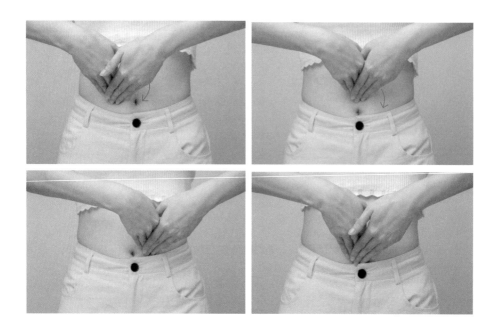

动作口诀

四指绕脐打圈揉。

动作核心作用

通过按揉的方式可以让精油更好地渗透进皮肤，促进腹部血液循环。

注意要点

四指和小腹的角度不要呈垂直状态，而应呈 45° 角。向下按压的力度不要太重，应轻柔地、缓慢地渗透进去。

Step 4 手掌下推外向里

深吸一口气，双手手掌从胸部下沿缓慢地推按，一边推按，一边吐气。从腰两侧从外往内推按，直到两只手在腹部中间汇合。重复 3 次。

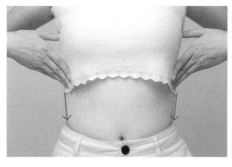
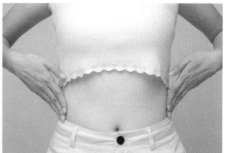
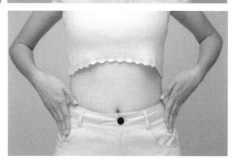

动作口诀是

手掌下推外向里。

动作核心作用

这个动作可以疏通腰腹部的经络，增加局部供血能力和供氧能力，从而使得肌肉紧实。

注意要点

注意，动作应缓慢，力度应有渗透性，并且连同肌肉一起推按，不能只停留在皮肤表面。

Step 5　左右斜向上提拉

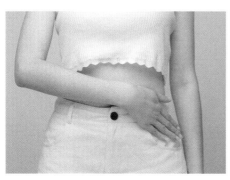
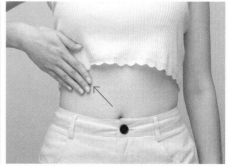

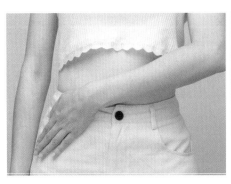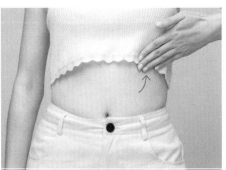

　　左手手掌放在右边腰部，深吸一口气，以斜向上方向往对角方向提拉，一边提拉一边吐气，提拉到胸部下方停止。右边做同样的动作。右手手掌放在左边腰部，以斜向上方向往对角方向提拉，一边提拉一边吐气。

动作口诀是

左右斜向上提拉。

动作核心作用

这个动作可以通过按摩的方式让腹部肌肉形成向上变紧实的记忆。

注意要点

做这个动作的时候有一种把肉提起来往上捋的感觉，而且应有一定的力度和渗透力。

Step **6**　双掌按揉脐上下

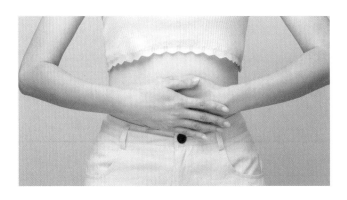

搓热双手，用两只手的手掌轻柔地按压在肚脐上，静待 30 秒，配合瑜伽腹式呼吸。

动作口诀

双掌按揉脐上下。

动作核心作用

这个动作可以安抚按摩过的肌肉。

注意要点

注意，不要过度按压，轻轻放置在上面按压即可。

口诀要记住

紧实小肚腩护肤操

单手顺时针按摩，四指绕脐打圈揉，

手掌下推外向里，左右斜向上提拉，

双掌按揉脐上下。

学习心态

Learn　　可以贪婪一点点

对于变美这件事，我们应该做的是毫不客气地变美！一旦我们客气，岁月就会毫不客气地对我们动手！

很多人在变美的路上只要收获一点成果就会沾沾自喜，从而陷入"这样就行"的状态中，不再进一步改善。成熟而有一点贪婪的人却不一样，她看到一点成果后会冷静地问自己"我还可以做得更好吗""如果我能做得更好，应该怎么做"。这样做的目的是促使自己不断地进步，不断地自我成长。

不被眼前的一点成果约束，才能更好地掌握未来。

贪婪无度会让我们陷入泥淖，但一点点贪心可以激励我们不断前行。

美胸操让你做个"挺"美的女人

核心内容

改善胸部的花瓣模型

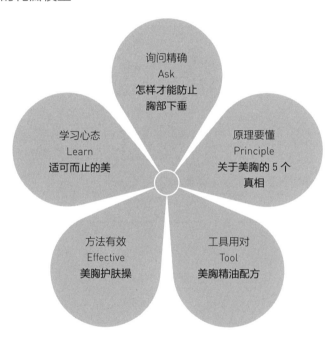

询问精确

_____ Ask   怎样才能防止胸部下垂

问题1：我想让自己的胸部线条美一点，应该怎么做？

问题2：生完孩子后，我特别担心胸部下垂，应该怎么预防？

女性对美好胸部的追求自古有之，以前以丁香胸、平胸为美，因此女性不得不忍受束胸的痛苦。现在，女性可以坦荡地做自己。诚然，健康、饱满的胸部可以勾勒出女性的优美线条，让女性更加自信，但是盲目地追求胸大并不可取，真正美丽的胸部应该是适合自己的体型，健康、饱满、紧实。在所有标准中，健康永远是第一位的。

美胸操就是通过按摩的方式保养胸部，让胸部自然紧实。

原理要懂
Principle　**关于美胸的 5 个真相**

真相 **1**　胸部非常柔软、娇嫩，且遍布纤细的乳腺，一定不要过度揉搓、暴力按摩，否则会破坏胸部的正常组织，引起病变。

真相 **2**　最好每个月自我检查一下胸部是否健康，用手摸一摸有没有疼痛感或硬块。如果有，请立刻去医院检查。

真相 **3**　有乳腺增生的女性一定要定期检查，及时就医。

真相 **4**　胸部健康与否与心情好坏有很大关系，因为胸腺是很多内分泌腺的靶向器官，所以生气、发脾气、抑郁等都不利于胸部健康。

真相 **5**　导致胸部下垂的原因有很多，比如哺乳结束，比如年龄的增长，这时可以通过按摩的方式对抗下垂，让胸部尽量紧实。

工具用对
Tool　**美胸精油配方**

荷荷巴油	30 毫升	依兰精油	4 滴	薰衣草精油	4 滴
玫瑰精油	2 滴	杜松精油	4 滴	黑胡椒精油	2 滴

方法有效
Effective　**美胸护肤操**

Step **1**　展油

将精油均匀地涂抹在整个胸部及胸部周围，包含腋下。

Step **2**　双掌推滑外向内

两只手的手掌张开，从两边胸部的根部往乳头方向，向内且略向上轻柔地推按滑动。把两边胸部贴在一起，两只手掌滑动向前，两掌闭合，离开胸部。整个过程配合瑜伽腹式呼吸，深吸一口气，一边做动作一边吐气。重复 5 次。

动作口诀

双掌推滑外向内。

动作核心作用

这个动作可以收紧外扩的胸部曲线。

注意要点

注意，动作应轻柔，千万不要太用力。用手掌包裹住胸部皮肤时，有微微的渗透力即可。

Step 3　两手交替往上拨

　　深吸一口气，用左手手掌从右下方托起右胸，往左上方轻柔地拨动，一边拨动，一边吐气。换另一只手，用右手手掌托起左胸，做同样的动作。两边交替进行，各重复 5 次。

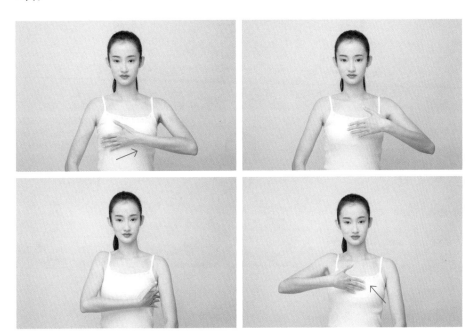

动作口诀是

两手交替往上拨。

动作核心作用

这个动作可以改善胸部松弛下垂的问题。

注意要点

注意，要用整个手掌的力量，但力度一定要轻，有微微的渗透感即可。

Step 4　四指绕胸来点按

　　深吸一口气，一边吐气，一边用两只手的四指沿胸部根部四周点按，方向从外向内，两只手在两个胸部之间和乳头连线的地方交汇，一起往下按压，停留 10 秒，再各自进行环绕点按。重复 3 次。

动作口诀

四指绕胸来点按。

动作核心作用

这个动作可以活络胸部周边的经络，让胸部的气血达到畅通的状态。

注意要点

注意，点按时微微用力即可，即以有微微的疼痛感为宜，不要过于用力。

Step 5　四指腋下揉完点

深吸一口气，用双手四指按揉对侧腋下，揉 1 分左右，再用四指点按腋下，停留 10 秒。一边按揉一边吐气。点按之前吸气，一边点按一边吐气。重复 3 次。

动作口诀

四指腋下揉完点。

动作核心作用

这个动作可以让腋下淋巴畅通，预防副乳出现。

口诀要记住

美胸护肤操

双掌推滑外向内，两手交替往上拨，

四指绕胸来点按，四指腋下揉完点。

 学习心态

Learn　　**适可而止的美**

每个男生心中都有一道白月光。

每个女生心中都住着一位洛神。

对美的追求每个人都有，这是天性使然，这是上天赋予我们的权力。但很多人理解错了权力的意思，在追求美的过程中缺乏耐性，总是急功近利地寻求改变。

其实，不要低估自己的美，但也不要高估自己的美。我们可以改善皮肤状态，但最好不要改变相貌。

如果美只有一个标准，那就是"健康"。任何用牺牲健康的方式换取的美都是不可取的。

爱美，要懂得适可而止，懂得谨慎而克制。

暖宫保养操的益处

核心内容

暖宫的花瓣模型

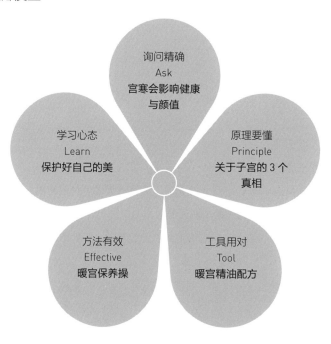

询问精确

___Ask___ 宫寒会影响健康与颜值

问题 1：我常常感觉手脚冰凉，不知道这是不是宫寒导致的？

问题 2：我的脸上很容易出现色斑、黑眼圈等，是宫寒导致的吗？

子宫和卵巢是女性独有的器官。子宫是孕育生命的重要场所，其外侧有很多血管，健康的子宫因为血液流动畅通，呈粉红色。随着时间的推移，子宫会老化，会逐渐变得苍白、冷硬。按摩可以促进子宫血液循环，温暖子宫，呵护子宫。

原理要懂
Principle　关于子宫的 3 个真相

真相 **1**　如果脸上出现痘痘、斑点等，我们能够很快发现并且及时对其护理，但子宫和卵巢出现问题不容易看见，时间久了还容易变得严重。每月一次月经是子宫和卵巢健康与否的晴雨表，可以通过每个月的周期来判断它们是否出现问题。

真相 **2**　千万不要小看月经不调，如果有痛经、宫寒、月经周期不稳定、月经颜色深、量少等情况，需要好好调理，否则会影响生育，甚至引起病变。

真相 **3**　子宫不健康会影响卵巢不健康，从而引起内分泌失调，甚至会导致早衰。因此应做到正确地保养。

工具用对
Tool　暖宫精油配方

椰子油	30 毫升	洋甘菊精油	3 滴	姜精油	2 滴
天竺葵精油	3 滴	甜茴香精油	2 滴		
薰衣草精油	5 滴	黑胡椒精油	3 滴		

方法有效
Effective　暖宫保养操

注意事项

1. 孕妇不适合操作此动作，经期也不适合操作此动作。
2. 顺产一个月之后可以操作，剖宫产待伤口恢复得差不多时再做，一般是 4 个月以后。
3. 在操作的过程中配合功效型精油效果会更好。
4. 患有卵巢囊肿或卵巢、子宫有病理性问题的最好咨询医生意见。

Step **1** 展油

将精油均匀地涂抹在腹部和后腰处，不要涂得太多，有一定润滑度即可。

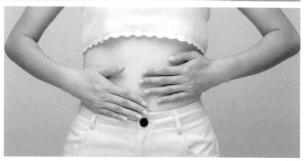

Step **2** 双掌压肚顺时按

深吸一口气，两只手掌搓热，交叠在一起，将掌心轻轻地放在肚脐上，缓慢地以顺时针方向按揉，一边按揉，一边吐气，按揉 14 圈。

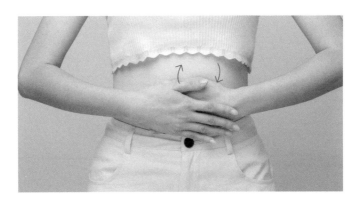

动作口诀

双掌压肚顺时按。

动作核心作用

通过按揉可以打通腹部周边的经络，从而产生热能，温暖子宫。

注意要点

注意，力量不能太大，速度不能太快，以感到舒服为宜，可以多做几次，感觉腹部微微发热即可。

Step **3**　四指脐周按 3 圈

深吸一口气，两只手的四指并列，用手指垂直地按压在肚脐周围，围绕肚脐转圈，一边按压一边吐气。重复 3 次。

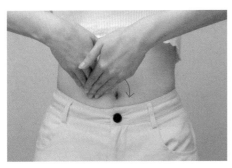 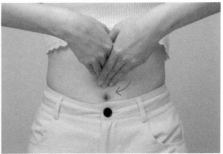

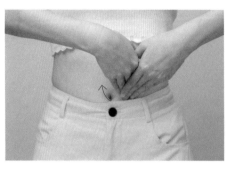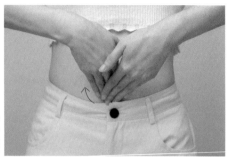

动作口诀

　四指脐周按 3 圈。

动作核心作用

通过刺激肚脐周边的穴位，可以促进子宫区域的血液循环。

注意要点

注意，一定不能过度用力，否则会伤到内脏，如果指甲过于尖利，则改用指腹。

Step 4　双掌打圈揉腹部

深吸一口气，用两只手的手掌大面积打圈按揉腹部，1 分左右。一边按揉一边呼气。

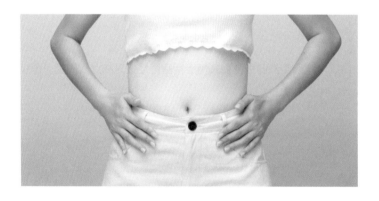

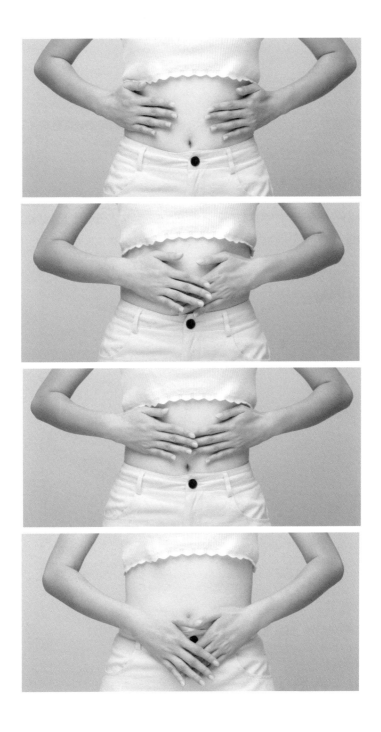

动作口诀

双掌打圈揉腹部。

动作核心作用

按摩整个腹部可以起到放松、镇定、舒缓的作用，同时可有效促进精油吸收。

Step 5 双掌摩擦按后腰，垂直水平 14 次

深吸一口气，两只手的手掌放在后腰中线的左右两边，迅速地上下搓动，搓动的时候吐气，重复 14 次，然后把两只手掌横过来，一上一下，迅速地左右搓动，重复 14 次。

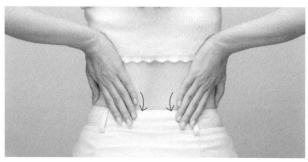

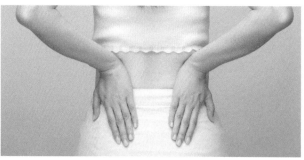

动作口诀

双掌摩擦按后腰，垂直水平 14 次。

动作核心作用

后腰部是子宫的反射区，把这里搓热可以达到暖宫的目的。

注意要点

注意，如果在规定次数内无法使后腰产生热量，可以多搓几次，搓的时候速度要快。不过应适可而止，不能搓太多次。

口诀要记住

暖宫保养操

双掌压肚顺时按，四指脐周按 3 圈，

双掌打圈揉腹部，双掌摩擦按后腰，

垂直水平 14 次。

学习心态

Learn　　保护好自己的美

不少已婚女性或多或少遇到过这样的问题：另一半一方面希望我们变得更美，另一方面又不停地打击我们追求美的信心。

下面这样的话是不是很熟悉？

"不务正业。"

"钱多得慌吗？"

"接受现实吧。"

有时候，你化着精致的妆容，穿着漂亮的衣服走在马路上，总有一些人在背后窃窃私语："一把年纪了还这样打扮！"

我们的美来之不易！

不易之一，我们需要耗费相当多的经济、时间和精力。

不易之二，在追求美的过程中总会受到一些非议。

既然来之不易，就更要保护好自己的美。

第一，要珍惜自己的身体，毕竟生命脆弱，请保护好它。

第二，要保持美好，呵护自己的美，维护自己的美，因为美会稍纵即逝。

美就像种子，会在坚硬地里、在石头缝隙里生长出来，不会轻易被所谓的风吹雨打破坏。我们应该保护好它，让它茁壮成长，然后大胆而放肆地变美。

麒麟臂也可以改善

核心内容

改善麒麟臂的花瓣模型

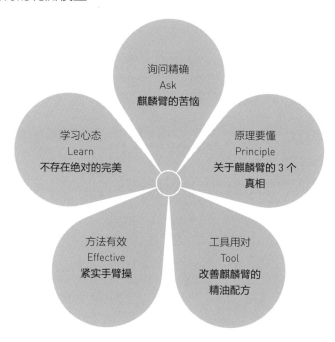

询问精确

Ask　　麒麟臂的苦恼

问题 1：我的手臂太粗了，夏天根本穿不了短袖，怎么办？

问题 2：我手臂上的肉很松，又不想去健身，怎么办？

162

　　一到夏天，有人就会陷入烦恼之中，因为这个季节会穿各种各样无袖的、短袖的裙子，但自己的胳膊看起来很粗，实在是不想露出来。有的女性整体看着不胖，只有胳膊看起来肥肥胖胖的，即使经过减肥减轻了体重，仍然没办法让手臂瘦下来，这时候简单易操作的护肤操就非常有效了。

原理要懂
Principle　　关于麒麟臂的 3 个真相

　　真相 **1**　如果想要结实的肌肉，可以通过局部运动的方式来改善，如果不想要结实的肌肉，喜欢自然纤细的胳膊，精油按摩是比较好的方式。

　　真相 **2**　一定要坚持，否则达不到好的效果。

　　真相 **3**　不要盲目地追求胳膊细，让手臂肌肉变得紧实才是最终目标。

工具用对
Tool　　改善麒麟臂的精油配方

荷荷芭油	30 毫升	葡萄柚精油	10 滴
杜松精油	6 滴	黑胡椒精油	6 滴
迷迭香精油	8 滴		

方法有效
Effective　　紧实手臂操

Step **1**　展油

　　将精油均匀地涂抹到手臂比较松的部位。

Step 2 手掌揉捏麒麟臂

深吸一口气，伸出一只手，四指握住另一只手臂，手掌贴住皮肤，用整个手掌包裹住手臂肌肉。一边揉捏，一边吐气。方向从下往上，将胳膊内侧和外侧每一处松的地方都揉捏到。结束后，换另一只手做同样动作。重复 3 次。

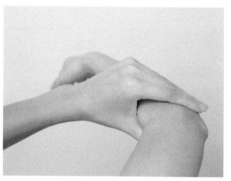

动作口诀

手掌揉捏麒麟臂。

动作核心作用

这个动作可以放松手臂肌肉，为接下来的动作做准备。

注意要点

注意，力度应均匀，有一定的渗透力。

Step **3**　拇指横推下往上

深吸一口气，用一只手握住另一只手臂，四指置于手臂外侧，拇指置于手臂内侧，拇指用力但缓慢地平着推按手臂内侧，直到腋下。一边推按一边吐气。重复 3 次。拇指和四指应互换方向，拇指在外侧，四指在内侧，拇指用力但缓慢地平着推按手臂外侧。重复 3 次。换另一只手臂做同样动作。

动作口诀

拇指横推下往上。

动作核心作用

这个动作可以活化经络，紧实手臂肌肉。

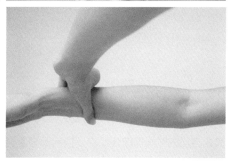

注意要点

注意，做动作的时候，要有往下压的感觉，一定注意保持推按部位的润滑度，否则容易拉扯皮肤。

Step **4**　四指从下推到上

深吸一口气，用一只手的四指缓缓地推按另一只手的手臂外侧，从下往上，一直推按到胳膊最高处，一边推按一边吐气，重复 3 次。用同样的动作推按手臂内侧，一直推按到腋下。重复 3 次。换另一只手臂做同样动作。

动作口诀

四指从下推到上。

动作核心作用

这个动作可以紧实手臂肌肉。

注意要点

注意，四指的力量为微微向下渗透即可，不要盲目地追求速度。

Step **5**　双臂向上做安抚

一只手的手掌轻柔地贴着另一只手的手臂，向上抚摸，配合简单的瑜伽腹式呼吸。根据自己的时间操作 3~5 次。换另一只手臂做同样的动作。

动作口诀

双臂向上做安抚。

动作核心作用

这个动作可以放松紧张的肌肉。

口诀要记住

紧实手臂操

手掌揉捏麒麟臂，拇指横推下往上，

四指从下推到上，双臂向上做安抚。

紧实手臂操
操作方法

学习心态

Learn　　**不存在绝对的完美**

金庸先生在书中描写女主人公时总是极尽赞美之词，从他的描写中可以看到女主人公简直完美极了，但现实生活中几乎不存在这样完美的人。

虽然经过多年努力，很多人见到我之后都会惊叹，竟然一点变化都没有，跟十年前一样，但我并不满足，总是希望自己更美一点。

这促使我反思，变美有止境吗？

答案是没有。

也许留有一点瑕疵反而更美。

正如法国浪漫主义作家缪塞所言：不该在任何东西上找寻完美，不该向任何东西要求完美。

完美是不存在的，为拥有它而去想念它，是比较危险的想法。

告别小象腿

核心内容

改善小象腿的花瓣模型

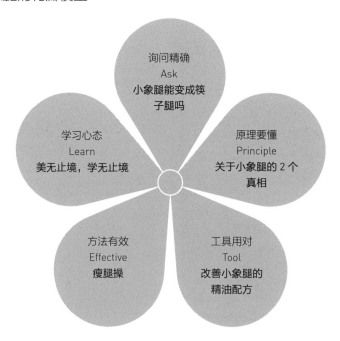

询问精确

Ask 小象腿能变成筷子腿吗

问题 1：我对自己的腿非常不满意，我想瘦腿，有什么办法吗？

问题 2：我看到自己的腿就感到非常自卑，想尽快瘦下去，怎么做比较好？

我们都想拥有一双又长又细又直的双腿，但如果先天底子并不是很好，那么应该根据实际情况，通过温和安全的方式让松弛的腿部肌肉紧实，让腿部线条更流畅。对于经常久坐的学生和办公室白领来说，容易出现 A 形身材，又叫梨形身材，表现为上半身比较纤细，下半身比较胖，这是因为下半身血液循环不畅、橘皮组织出现在大腿处导致的。这样的腿部既不美观，也不健康。

原理要懂
Principle　关于小象腿的 2 个真相

真相 **1**　瘦腿这件事应适可而止，千万不要好高骛远。每个人的先天条件不一样，不要盲目攀比，在自己的能力范围内做到最好即可。

真相 **2**　精油按摩是比较安全、温和且有效的方式，坚持每天做会有比较好的效果。

工具用对
Tool　改善小象腿的精油配方

荷荷巴油	30 毫升	葡萄柚精油	10 滴
杜松精油	6 滴	黑胡椒精油	6 滴
迷迭香精油	8 滴		

方法有效
Effective　瘦腿操

Step **1**　展油

将精油均匀地涂抹在需要瘦和紧致的地方，全腿或局部涂抹皆可。

Step **2** 双手腿部轻揉捏

深吸一口气,用双手手掌捏住腿部肌肉,轻轻地揉捏,从下往上,一边揉捏一边均匀地吐气。重复 3 次。

动作口诀

双手腿部轻揉捏。

动作核心作用

这个动作可以舒缓紧张的腿部肌肉,为后面的动作做准备。尤其是经常站立或者腿部运动比较多的人,可以适当多做几次,让紧张的肌肉得到充分地放松。

注意要点

注意,力度应轻柔,不要太用力,以放松为主。

Step 3 外侧从下刮到上

深吸一口气，双手虚握成拳，用双手四指的第二指关节从脚踝处沿着腿部外侧从下往上缓慢地刮，直到大腿根部。一边刮，一边吐气。重复 5 次。

动作口诀

外侧从下刮到上。

动作核心作用

这个动作可以加快腿部外侧的血液循环，紧实腿部外侧的肌肉。

注意要点

注意，力度应均匀，如果可以两只手同时操作，应保持力度一致，如果做不到两边力度一致，可以先做一边再做另一边。力度以稍有疼痛感为准。

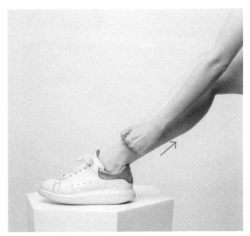

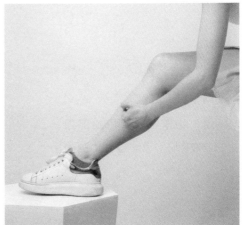

Step 4 内侧从下刮到上

深吸一口气，双手虚握成拳，用两只手四指的第二指关节从脚踝处沿着腿部内侧从下往上缓慢地刮，直到大腿根部。一边刮，一边吐气。重复 5 次。

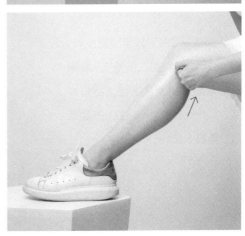

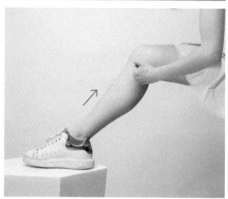

动作口诀

内侧从下刮到上。

动作核心作用

这个动作可以加快腿部内侧的血液循环，紧实腿部内侧的肌肉。

Step 5　脚跟拳刮到腿根

深吸一口气，双手虚握成拳，用两只手四指的第二指关节从脚跟处沿着腿部后面从下往上缓慢地刮，直到大腿根。一边刮，一边吐气。重复5次。

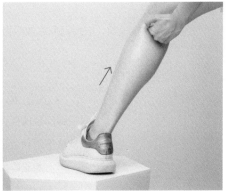

动作口诀

脚跟拳刮到腿根。

Step **6**　虚拳轻捶腿部肌

深吸一口气，双手虚握成拳，轻轻地捶打刚刮过的腿部肌肉。重复 3 次。

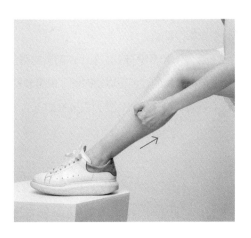

动作口诀

虚拳轻捶腿部肌。

动作核心作用

这个动作可以起到放松腿部肌肉的作用。

注意要点

注意，力度应轻柔，以得到彻底放松为主。

口诀要记住

瘦腿操

双手腿部轻揉捏，外侧从下刮到上，

内侧从下刮到上，脚跟拳刮到腿根，

虚拳轻捶腿部肌。

学习心态

Learn 美无止境，学无止境

学无止境，同样美也是无止境的。但这并不表示可以陷入对美无休无止地追求中，而是要放正心态，做自己力所能及的事。

不满意、不满足的心态会推动我们不断地变美变好，但要抱着学习的心态去看待问题，而不是抱着比较的心态去看待差别。

有人说：只要你自己不愿停下，就没有人能阻止你前进的脚步。从追求美的角度来看，这种锲而不舍的精神是值得鼓励的，但可以适时停下来看看四周的风景。

美无止境，努力去改变即可。学无止境，努力去探索即可。

后记

本书献给对美充满信心的你们！

这本书是入门级的护肤书。书中涉及的所有精油配方都是以读者容易调配为基础的，选择的是大众比较容易购买的精油和植物油。因为涉及配方较多，基础植物油只选了一两款，精油的配方也相对简单，方便大家实操。它不一定是最优方案，但一定是亲民且容易实现并能坚持的方案。

除此之外，希望可以了解一下腹式呼吸，掌握它，配合精油和护肤操，效果会更好。以前在讲解这方面知识的时候，有人会问：为什么要配合腹式呼吸？道理很简单，因为可以带来更多的氧气。

如果做不到行不行？当然可以。

如果你不会腹式呼吸，那么在练习各种护肤操时总会刻意关注自己的呼吸对不对，甚至会因为不对而感到沮丧，这样反而达不到预期效果。这时候，暂时放弃腹式呼吸，自然呼吸即可。

对于全脸护肤操，一天只做一种就好，局部操的不同部位可以一天选择做几个。任何事情都要适可而止。力度和时长都要控制好，否则会损伤皮肤。千万不要刻意追求疼痛感。

有人或许会问：书上规定的次数一定要严格执行吗？不一定。

每个人的感知力不同，有的动作做得太多会觉得不舒服或者劳累，这时候可以减少次数。反之，若感觉某个动作有正向激励作用，比较舒服，可以多做几次。

我始终认为：在你的皮肤没有变好之前，你没有与美丽讨价还价的资本。

你要知道：方法只是一个开始，你的皮肤的命运最终掌握在你自己手上。

你要知道：世界不会亏待每一分热情和每一分努力。

写完这本书时，北京已经进入深秋。

因为创业原因，我不得不在北京和上海两地奔波。每次离开家超过 24 小时就特别想念我的两个女儿。虽然每天都能与她们视频，但依然解不了我们之间思念的苦。我依稀记得自己在打字的时候，她俩有时候会安安静静地在我身边玩耍，有时候会捣蛋而打乱我的思绪，有时候我写累了，会跑去和她俩一起玩耍。她俩在慢慢地长大，我的文字在慢慢地堆积。我希望这本书是献给她们俩的礼物。

我还要感谢我的高先生。他是一位冷静、大度并不断地给我力量的人，是我永远的靠山，无论遇到什么样的情况，只要想到他，就充满希望。这本书的写作离不开高先生的支持。

另外，感谢我的好朋友兼课程策划人陈樑颖的指导和鞭策，感谢我的宝藏合伙人黄潘小姐的鼓励，感谢十年好友万美汐和许添真情作序，感谢所有帮我写推荐序的老师们，感谢出版社编辑于军琴兢兢业业地策划选题、加班改稿，得以让这本书早日与读者见面。

最后，我还要感谢一直支持我的粉丝朋友，你们的爱是我前进的动力！

本书打磨一年，反复优化、改稿，以期达到最好的效果，但截止最终版，依然有一些不足，颇感遗憾，但转念一想，世事古难全，也许下一次会更好。期待下一次与你相见，亲爱的读者！

2021 年 10 月